有机水稻株间除草机构与工作机理的试验研究

衣淑娟　　陶桂香　　著

U0285493

哈尔滨工程大学出版社

Harbin Engineering University Press

内 容 简 介

本书在系统分析国内外水稻田间除草技术现状的基础上,针对水稻机械除草要求,以水田植物的物理特性为基础,通过理论分析与试验相结合的方法,对水稻株间除草装置的机理、参数进行了研究与探索;从水稻生长物理特性入手,利用速度、加速度合成定理,质心运动定理及试验手段对该装置的工作特性进行了系统研究,这些研究工作为样机的研制奠定了基础。

本书可作为农业机械化工程和机械设计及理论专业研究生的教学参考书,也可供从事农业机械设计与制造相关工作的工程技术人员参考。

图书在版编目(CIP)数据

有机水稻株间除草机构与工作机理的试验研究/衣淑娟,陶桂香著. —哈尔滨:哈尔滨工程大学出版社,2021.10
　　ISBN 978 - 7 - 5661 - 3161 - 4

　　Ⅰ. ①有… Ⅱ. ①衣… ②陶… Ⅲ. ①稻田 - 田间管理 - 除草 - 研究　Ⅳ. ①S511.053

中国版本图书馆 CIP 数据核字(2021)第 203537 号

有机水稻株间除草机构与工作机理的试验研究
YOUJI SHUIDAO ZHU JIAN CHUCAO JIGOU YU GONGZUO JILI DE SHIYAN YANJIU

选题策划	刘凯元
责任编辑	丁　伟
封面设计	李海波

出版发行	哈尔滨工程大学出版社
社　　址	哈尔滨市南岗区南通大街 145 号
邮政编码	150001
发行电话	0451 - 82519328
传　　真	0451 - 82519699
经　　销	新华书店
印　　刷	哈尔滨圣铂印刷有限公司
开　　本	787 mm×960 mm　1/16
印　　张	12
字　　数	220 千字
版　　次	2021 年 10 月第 1 版
印　　次	2021 年 10 月第 1 次印刷
定　　价	50.00 元

http://www.hrbeupress.com
E-mail:heupress@hrbeu.edu.cn

前　　言

传统的机械除草方法可以除去80%左右的行间杂草,但株间杂草对作物的生长发育有更大的影响,而杂草控制的最大难处也在于株间杂草的防除。水田株间除草系统涉及水稻秧苗、杂草、土壤及作业机械等单元体,该系统的单元体相互作用、动态变化,为有效进行除草作业带来困难。另外,水稻秧苗和杂草苗尤其是稗草苗体纤弱、质感柔软、根须错落、尺寸形状不规则,除草机械在作业过程中,极易伤害水稻秧苗,影响其生长。为了解决上述问题,本书著者开展了有机水稻株间除草机构与工作机理的试验研究。本书共7章,在内容上可分为以下四个部分。

第1章和第2章在对国内外水稻田间机械除草技术研究现状系统阐述的基础上,确定了本书的主要研究内容和目标,以杂草品种稗草、水葱、燕尾草,水稻秧苗品种龙粳26为研究对象,对影响除草性能的水田植物物理特性进行了研究,确定了插秧后第7天至第19天的稗草、水葱、燕尾草、秧苗的高度、茎部断面直径、根深、根部断面直径,以及根系和秧苗在拉伸、剪切过程中的变形规律和极限强度,为除草装置的理论研究提供了基本数据。

第3章主要包含以下内容:①设计了水田株间除草装置,根据其工作原理,确定了除草关键部件弹齿盘的形状、轮廓、中心曲线等关键参数;②基于水田株间除草装置的工作原理,利用速度、加速度合成定理构建了弹齿盘除草过程的运动模型,确定了弹齿端部运动轨迹;③利用质心运动定理,构建了弹齿除草过程中施加于水田植物上的力,并进行仿真试验获得了秧苗伤秧力,同时利用自行研制的伤秧力测试系统对不同条件下的秧苗伤秧力进行了测定,获得了各参数对秧苗伤秧力的影响规律,并与理论研究结果进行了对比分析;④对水田植物进行了变形分析,构建了水田植物强度模型,通过仿真试验获得了不同参数对水田植物的影响规律;⑤利用ANSYS软件分别对水田植物和弹齿盘进行了应力分析,获得了不同载荷、不同加载位置条件下的秧苗应力、应变的变化规律,以及弹齿盘中弹齿的应力、应变的变化规律,从理论上确定了保证弹齿和秧苗可靠性的弹齿角速度、弹齿旋转半径、弹齿盘参数范围。

第4章和第5章主要包含以下内容:①在EDEM仿真软件中,将水田土槽模型分为稻秆、泥浆、耕层土壤三部分,分别进行模型创建,并定义了不同颗粒之间的模型参数与接触方式,经过创建颗粒工厂进行颗粒填充,完成土槽创建;将打浆刀导入 EDEM 软件中,完成打浆刀 - 泥浆 - 土壤 - 稻秆复合模型的建立,为仿真试验奠定了基础。②以埋茬率、功耗、耕后地表平整度为性能指标,以打浆刀正切刃弯折角、单刀工作幅宽和刀厚为试验因素,在 EDEM 仿真软件中分别进行单因素与三因素五水平正交旋转试验。

第 6 章和第 7 章包括以下内容:①选取弹齿旋转半径、弹齿断面直径、弹齿转速、弹齿数量为变量进行了单因素试验研究,分析了各因素对性能指标的影响,确定了较佳尺寸;②根据单因素试验结果,选取弹齿旋转半径、弹齿断面直径、弹齿转速三个因素进行多因素试验,依据二次正交旋转组合设计的试验方法,建立了各因素对性能指标的回归方程,探讨了各因素对性能指标的影响规律;③通过回归分析,得出了影响性能指标的主次因素;④采用主目标函数法,利用各性能指标的回归方程,运用 MATLAB 进行了优化求解,确定了比较理想的工艺参数。

本书由黑龙江八一农垦大学衣淑娟、陶桂香共同撰写。具体分工如下:衣淑娟撰写了前言、第 2 章、第 6 章、第 7 章及附录,并整理了目录和参考文献部分(共计11.1 万字);陶桂香撰写了第 1 章、第 3 章、第 4 章及第 5 章(共计 10.9 万字)。

本书在撰写过程中,得到了马成成、袁鑫宇等研究生的大力支持,在此深表谢意。

由于著者水平有限,书中不足之处在所难免,恳请各位读者批评指正。

著　者
2021 年 4 月

目　　录

第1章 绪 论

1.1 研究目的和意义

水田杂草是农业生态系统的一个组成部分,直接或间接地影响农业生产。水稻杂草种类繁多,它们与农作物之间进行着剧烈的竞争,主要表现在与水稻争夺生长空间、肥料养分、光照、水、热等资源,影响了水稻的生长发育,是造成水稻产量下降和品质降低的主要原因之一。我国稻田杂草约有 350 万种,稻田杂草发生危害面积约为 1 500 万公顷,因杂草引起的粮食损失也约占粮食总产量的 10%,每年损失粮食上千万吨,损失率在 15% 左右。但传统水田杂草使用化学药剂控制会对地表水、土壤造成严重污染,违背农业可持续发展的宗旨,因此,水田除草问题成为有机水稻秧苗生长过程中面临的一个新问题。有机水稻秧苗在种植过程中完全不使用化学合成的肥料、农药、除草剂、生长调节剂以及转基因技术,在加工过程中不使用任何化学合成的食品防腐剂、添加剂等,能够满足人们对食品安全的需求,是水稻发展的趋势。因此,开展水稻秧苗机械除草与施肥技术的研究,提高水稻田间管理机械化水平,减少农药、化肥的施用量及提高其利用率,对生态环境的保护具有不可估量的意义。

化学药剂除草由于使用方便、见效快,被世界各地广泛应用,一段时间内成为最主要的水田除草方式,但化学药剂的长期使用引起了很多负面问题,如环境污染、杂草群落变迁、杂草产生抗药性、土壤质量和供肥能力下降、水稻秧苗根系活力下降、植株蔗糖含量降低、营养成分降低甚至缺失以及稻米品质降低等问题。为解决上述问题,近年来,一些国家做出了限制使用化学药剂除草方式的规定,有机农田中只能使用非化学药剂除草,如人工除草、机械除草等。但由于人工除草存在耗时、费力、雇工难等一系列问题,现实过程中实施起来存在一定的难度。而机械除草作业是利用各种耕、耙、翻、中耕松土等措施在播种前、出苗前及各生长发育期等不同时期进行除草,杀除已出土的杂草或将草籽深埋,或将地下茎翻出地面使之干

死或冻死,是农业可持续发展的一项关键性技术,具有以下优点:

①能够增加土壤中好氧微生物的数量、种类及活动频次,加快土壤有机物质的分解,进而提高土壤肥力,改良土壤物理特性;

②能够达到疏松幼苗根系土壤的目的,有利于作物生长;

③能够在很大程度上降低除草剂的使用量,减少化学方法除草所带来的危害,符合国家保护环境、节能减排、节本增效的政策以及农业可持续发展的宗旨。

在水田中存在各种杂草,如稗草、萤蔺(水葱)、野慈姑(驴耳菜或燕尾草)、马唐、鸭舌草等。尤其是稗草,其为世界性杂草,与水稻具有亲缘性,在生长期、株型及对营养的需求等生物特性方面与水稻极其相似,是水田中最重要也最难防除的一年生伴生性杂草。鉴于稗草在水稻生产中产生危害的严重性,控制稗草成为控制水田杂草的重中之重,因此,本书主要针对水田杂草中的稗草展开研究。目前,传统的机械除草方法可以除去80%左右的行间杂草,但株间杂草对作物的生长发育有更大的影响,而杂草控制的最大难处也在于株间杂草的防除。水田株间除草系统涉及水稻秧苗、杂草、土壤及作业机械等单元体,该系统的单元体相互作用、动态变化,为有效进行除草作业带来难题。另外,水稻秧苗和杂草苗尤其是稗草苗体纤弱、质感柔软、根须错落、尺寸形状不规则,除草机械在作业过程中,极易伤害水稻秧苗,影响其生长。为了解决上述问题,近年来,国外出现了图像识别、激光扫描及红外传感器等先进智能化技术以及稻鸭共作及其他控草措施,拓宽了机械除草的研究领域,但一方面这些技术还在尝试阶段,另一方面实际应用成本高,因此不符合我国的实际现状。另外,国内还出现了水平圆盘式株间除草装置、弹齿式株间除草机构等,但作业时只能除去行间杂草,而对于株间除草效果并不理想。因此研发兼顾成本与性能的株间除草机构是制约水稻秧苗机械化除草发展的"瓶颈",尤其是能够满足不同株距、生长不均的水稻秧苗株间除草机械,在国内一直没有很好地解决,在国外也正处于不断研究和发展之中。

针对上述现有问题,本书在系统分析国内外水稻田间除草技术现状的基础上,针对水稻秧苗机械除草要求,以水田植物的物理特性为基础,对弹齿式水稻秧苗株间除草装置机理、参数进行了探索,主要解决以下问题:①在除草的时间段内,以杂草品种稗草、水葱、燕尾草,水稻秧苗品种龙粳26为研究对象,求出秧苗高度、茎部断面直径、根深、根部断面直径,以及根系和秧苗在拉伸、剪切过程中的变形规律和极限强度,为除草装置的理论研究提供基本数据;②设计一种水田株间除草装置,根据其工作原理,确定关键参数;③基于水田株间除草装置的工作原理,确定弹齿端部运动轨迹以及运动学、动力学模型,揭示其除草机理,获得关键参数的取值范围,为获得最佳参数提供一定的范围;④对水田植物和弹齿盘的应力进行分析,从理论上确定了保证弹齿和秧苗可靠性的弹齿角速度、弹齿旋转半径、弹齿盘参数范围;⑤通过试验建立了各因素对性能指标的回归方程,探讨了各因素对性能指标的影响规律。通过回归分析,得出影响性能指标的主次因素。采用主目标函数法,利用各性能指标的回归方程,运用 MATLAB 进行优化求解,确定比较理想的工艺参数。

1.2 国内外机械除草研究现状

1.2.1 国外机械除草研究现状

从 20 世纪 50 年代开始,国外学者就开始对机械化除草理论及相关技术进行研究。经过多年的发展,现阶段已形成一套较成熟的理论并研制出一系列的农机具。在行间除草机械领域,比较成熟的产品有旋转锄、齿形除草耙及应用于不同作业规格的除草铲等装置,它们皆能满足农艺作业要求,并得到了良好的应用及推广。

为了更好地满足田间作业的要求(除草区扩大而不伤及作物),科研人员不断提高除草机具的作业质量,对已有机具进行了改进及优化,进行了株间除草机械的研究,并先后研制出指形除草机、扭杆除草机和垂直刷状除草机。指形除草机利用指形金属旋转轮在运动过程中靠近作物横向滚动进行除草,该机具的使用改变了人工除草的方式,将机械化除草带到新的领域。但该机具仅适用于小株杂草,对作物损伤率较高。扭杆除草机主要利用安装在其两侧的弹性钢杆伸入行间进行除草,两弹性钢杆可人工调节宽度及入土作用力,但对作物损伤率也较大。垂直刷状除草机是行间 – 株间两用式除草装置,其垂直刷入土深度可达 20～30 mm,能达到将杂草连根拔起的效果,然而该机具的株间作业也不理想。Pairsh 研究指出,刷状除草机能够提高土壤的松散程度,然而 Dedousis 指出刷状除草机械在株间杂草控制时容易损伤作物。克兰菲尔德大学 Home 研制的株间中耕系统由"鸭脚"形行间除草刀和附在其上的可来回摆动的株间除草刀构成。

随着科学技术的发展,计算机技术、电子技术及液压技术等先进技术更多地被应用于机械制造及研究领域。Radis Mechanisation 将多种先进技术及理论相融合,研制出一种新式株间杂草控制系统。该系统利用红外传感器检测作物,并利用气压技术驱动旋转机械手臂,进而利用安装于手臂上的除草齿进行中耕除草。

　　Peruzzi 和 Ginanni 等人研制出一种基于 GPS 株间除草实时控制系统。该系统由株间除草刀、GPS 系统及实时控制系统(RTK)组成,用于监测 RTK – GPS 系统识别作物,通过株间除草刀自动进行作业避免伤害作物。该机具曾对 628 颗番茄苗进行田间作业试验。试验结果表明,在机具作业速度为 0.8 km/h 和 1.6 km/h 时,未出现伤苗现象。

　　德国波恩大学开发了一种株间除草系统,如图 1 – 1 所示,该系统由执行机构、前进速度检测器、数据采集单元和作物识别系统等组成。控制软件根据株距、当前锄臂位置对数据采集单元所收集的作物识别、机器前进速度、电机转速等相关数据进行实时计算,进而调整执行机构的旋速。据报道,该系统可用于缺苗、株距不一致等情况。

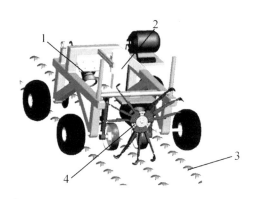

1—前进速度检测器;2—作物识别系统;3—作物;4—旋转锄。

图 1 – 1　旋转锄模型

　　Cordill 等人研制出一种用于玉米株间除草的装置。该装置利用激光技术识别株间杂草和玉米茎秆,由四组激光发射器和相应数量的且与之有一定距离的接收器组成。四组激光发射器与接收器均平行于地面,且四组激光组成的平面垂直于地面。机具行走过程中,激光发射器发射激光束产生二进制脉冲,由于杂草和玉米茎秆的高度不同,因此累积脉冲也不相同,当累积脉冲达到四组时对应的是茎秆,否则为杂草。图 1 – 2 所示为激光发射 – 接收器。图 1 – 3 所示为玉米茎与杂草识别原理图。

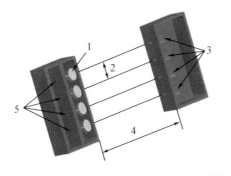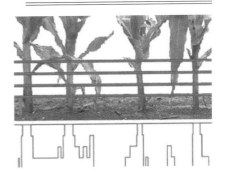

1—激光;2—幅宽;3—接收器;4—射程;5—发射器。

图1-2 激光发射-接收器

图1-3 玉米茎与杂草识别原理图

机械中耕除草技术以日本和韩国最为先进,机械化水平最高。2015年,日本农研机构研制了一种三轮乘坐式高精度水田除草机,如图1-4所示。在三轮式管理机中部搭载除草装置,除草装置可升降。行间采用旋转指齿除草,除草深度可调整为6级(1 cm、2 cm、3 cm、4 cm、5 cm和6 cm);株间采用摆动梳齿除草,除草深度可调整为3级(1 cm、2 cm和3 cm),摆动继电器可根据杂草分布情况调节摆动频率。操作人员可以根据稻株和田间状况进行精准作业,工作速度是1.2 m/s,约为步行除草机(0.3 m/s)的4倍。二次作业的杂草除去率达到80%以上,伤苗率小于3%,尾部结合链式除草部件,除草效果更好。与此机结构相似的还有本田公司2016年研制的三轮水田除草机,如图1-5所示。其可同时作业8行,工作效率高;除草部分可折叠,方便运输。

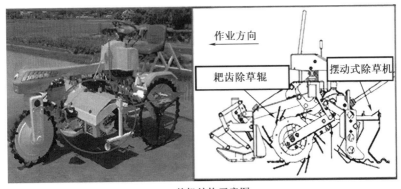

(a)整机结构示意图

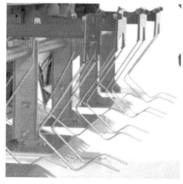

(b)摆动梳齿式株间除草部件　　　　　(c)田间作业情况

图 1 – 4　日本农研机构研制的三轮乘坐式高精度水田除草机

(a)整机工作状态图　　　　　　　(b)整机运输状态图

图 1 – 5　本田公司研制的三轮水田除草机

　　日本秋田县立大学研制了一种柔性辊刷式水田除草机器人,如图 1 – 6 所示。该除草机器人运用气垫船的原理向下喷气使其浮于水田表面,安装天线后可根据 GPS 自动导航行驶,按照预定路线或人工遥控进行水田除草。这种自动行走机器人采用柔性辊刷进行除草,使得刚发芽的杂草浮在水面上枯萎,可大幅度减少除草剂的使用。由于采用旋转的柔性辊刷,其可以一边进行行间、株间除草,一边在水田里纵、横、斜地自由行走,不需要像轮式除草机那样要到田边掉头转弯,因此具有高效率、低伤苗率的优点。

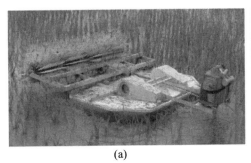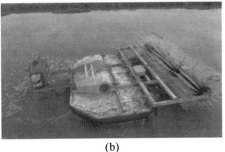

(a) (b)

图1-6 柔性辊刷式水田除草机器人

在日本各地,常见以稻田养鸭技术和稻糠灭草技术等方式实现完全的有机水稻种植。有机水稻栽培作业和种植过程中的除草作业非常困难,在小面积的生产中可以用上述方法来实现,但在大面积种植时,应运而生的是高水平的水田中耕机械。亚洲国家中,日本的水稻种植机械化水平最高。日本的除草机械种类较多:按切割器类型划分,有圆盘式、甩刀式和往复式;按与拖拉机挂接方式划分,有前置式、侧置式和后置式;按与拖拉机配套方式划分,有手扶式和乘坐式。市场上常见的机型有久保田公司生产的 SJ-8 型水田除草机、三菱公司生产的 LYW-8 型水田除草机以及和同产业生产的 MSJ-4 型水田除草机。日本常见水田除草机性能见表1-1。

表1-1 日本常见水田除草机性能

型号	株间除草部件	作业速度/(m·s⁻¹)	作业效率/(hm²·h⁻¹)	生产厂家
SJ-8	摆动梳齿	0.4~0.6	1.3~2	久保田
LYW-8	除草钢丝	0.8	3.3	三菱
MSJ-4	弹齿盘	0.2~0.3	0.4~0.6	和同产业

目前市场上的日本水田除草机按照行走方式可分为步进式和乘坐式。步进式除草机举例如图1-7(a)所示,该机具具有行间和株间除草功能:行间除草依靠麻花齿辊式除草笼对行间除草进行推拉、挤压;株间除草依靠成对布置的除草轮,通过水田土壤对它的阻力而旋转,进而对水稻秧行进行一次梳理而达到除草的目的。乘坐式除草机举例如图1-7(b)所示,株间除草依靠的是固定在机架上的钢丝,行间除草依靠的是随动的除草笼。

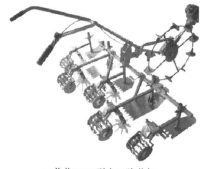

(a)美善SMW型水田除草机   (b)三菱MRW-5型水田除草机

图1-7 水田中耕除草机

在株间机械除草方面,国外水田株间除草部件的动作方式一般有对转式、摆动式和固定式三种,如图1-8所示。

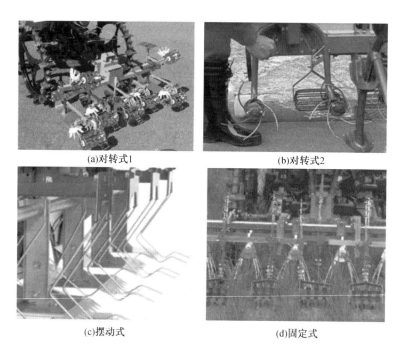

(a)对转式1   (b)对转式2

(c)摆动式   (d)固定式

图1-8 株间机械除草部件的动作方式

对转式由于弹齿和其他弹性材料的弹性特征,可减少水稻秧苗损伤;摆动式主要通过与稻列垂直方向做往复摆动的梳齿与杂草的相互作用,完成除草工作;固定式主要通过调节内侧除草钢丝的上下位置来调节除草作业强度。以上三种动作方式除草效果无明显差异,杂草除去率均在50%左右。

为了提高杂草除去率,降低伤苗率,大量的学者开始了除草控制系统的研究。随着科学技术的进步,越来越多的诸如计算机和电子等先进技术被用到株间机械除草装置的研究中。奥斯纳布吕克大学与 Amazone Werke 公司联合开发了一种摆线锄机械除草控制系统,其能够控制作物行间和株间杂草。8 根除草爪齿呈圆形围绕安装于一个旋转体上组成除草机构,旋转体由液压泵驱动旋转,使除草爪齿做圆周运动。整个机具沿直线向前移动便形成了摆线运动,每个除草爪齿均能够独立地展开和收拢,从而避免接触作物。旋转式圆盘锄的除草部件是一个可旋转的圆盘,为了在株间除草时不损伤作物,该旋转圆盘边沿处被切掉一部分,形成一个缺口。系统通过机器视觉识别作物,当机具被拖拉机牵引前进时,旋转圆盘转动以保证其缺口始终对准作物。瓦格宁根大学研究的株间杂草控制系统在垂直旋转圆盘上装有两个或多个除草刀,同时安装了红外传感器,当红外传感器检测到作物时,旋转圆盘高速旋转时除草刀展开,伸出至作物株间将杂草切断;当红外传感器检测到作物附近时,降低旋转圆盘转速,收拢除草刀,避免除草刀与作物接触而损伤作物。但由于除草刀仅能切断土壤表面的杂草,除草效果不佳;此外,红外传感器也不能区分作物和杂草。为了智能化地区分作物和杂草,机器视觉技术也逐渐应用到了株间机械除草研究中。哈尔姆斯塔德大学开发了一种株间杂草控制系统,除草机构利用垂直于作物行的旋转轮来除去株间杂草。该系统通过机器视觉识别作物,检测到作物时,旋转轮被气压缸驱动提升从而避免损伤作物,当旋转轮避开作物后又被放下继续进行除草作业。据报道,此技术可行,但还需要进行是否具有实际经济价值的研究。

1.2.2 国内机械除草研究现状

我国对水田中耕除草机的研究始于 20 世纪 50 年代,经过近 30 年的发展出现了 10 多种机型,当时有代表性的机型包括东北农学院设计的 SZD-6 型水田中耕除草机及浙江省机械科学研究所研制的立旋式水田中耕除草机等,但这些除草机只能除掉行间杂草,不能对株间杂草进行有效控制。后来随着化学除草剂的广泛应用,很长一段时间里水田机械除草机的研究处于停滞状态。近几年,随着人们环境保护及食品安全意识逐渐加强,有机生产得到提倡,水田机械除草技术重新受到关注。

目前我国株间除草主要工作部件有双弧形、弹齿式、立式等多种形式。如王金武等人以株间立式除草装置为研究载体,基于水田种植实际环境,运用现代测试技术,设计搭建了一种除草力学测定系统试验台,测定分析了不同工作参数下的除草作用力。

杨松梅针对株间杂草难以控制的问题,设计了一种水田株间立式除草装置,并对其结构及工作原理进行了阐述。其运用 Pro/E 软件建立了三维模型,并通过 ADAMS 软件对株间立式弹齿盘进行运动学仿真,获得了株间立式除草弹齿的除草轨迹;对仿真结果进行分析,得出了最佳速比为 1.65、齿数 k 为 8 条件下最接近各参数要求的结论,为水田除草机整机关键部件的研制提供了理论依据。

刘永军针对机械水田除草目前存在伤苗严重的问题,从水稻秧苗伤秧力角度出发,通过实际观察和分析,在机械除草时将水稻秧苗出现的损伤类型分为压入土壤和打出土壤两大类;运用材料力学理论建立第一种损伤类型的水稻秧苗或稗草挠曲线模型,并得到挠曲线方程;对第二种损伤类型的水稻秧苗或稗草进行受力分析并将此力分解,得到将水稻秧苗打出土壤所需的竖直方向拔出力和水平方向伤秧力,运用自制的水稻秧苗伤秧力测试系统对水稻秧苗伤秧力进行测试。

齐龙等人设计了一种行走与除草相结合的轻型水田除草机,并运用 ANSYS 有限元流固耦合仿真技术对除草弹齿与水田土壤的作用过程进行了分析,通过试验优化了最佳参数组合,并发明了一种株间机械弹性触觉除草器,根据稻株与杂草的生物力学差异,利用板簧激振、扭簧摆动实现株间除草;采用任意的拉格朗日 – 欧拉(arbitrary Lagrange – Euler,ALE)多物质耦合算法建立了土壤 – 水两物质耦合有限元模型;运用流固耦合算法分析了除草轮与土壤 – 水模型的相互作用过程;采用有交互作用的正交试验方法选取土壤种类、水层厚度和除草轮转速三个因素进行仿真试验分析,得到各因素及其一级交互作用对除草轮和土壤 – 水模型的耦合应力及土壤扰动率的影响规律;为了提高机械除草的作业效率及降低田边频繁调头引起的伤苗率,研制了 3GY – 1920 型宽幅水田中耕除草机,并通过对除草轮的运动学与显式动力学仿真分析,设计并优化了螺旋刀齿式除草轮,该除草轮通过对土壤及杂草的剪切、翻耕作用实现中耕除草作业。

王金武为提高水田机械除草作业质量,以株间立式除草装置为研究载体,阐述了其主要结构及工作原理,分析了压埋式除草机理,建立了除草运动学与动力学模型;为提高除草部件作业性能、确定最佳工作参数,以弹齿转速、机具前进速度及弹齿入土深度为试验因素,株间除草率及伤苗率为试验指标进行了二次回归正交旋转组合设计试验,分析了不同工作参数下除草性能规律,运用 Design – Expert 软件处理试验数据,建立了因素与指标间数学模型以进一步优化。

苑士星利用梳齿做余摆运动形成余摆线齿迹而围成的似菱形间隔来避免梳齿梳走作物。

张朋举设计了八爪式机械除草装置,采用 Pro/E、ADAMS 软件对装置进行了虚拟样机设计,并进行了运动学仿真,优化了装置的结构和运动参数。

郭伟斌设计了一种基于机器视觉导航和杂草识别的除草机器人模型,该机器人能沿作物行间自主行走并能准确地识别和"清除"杂草;设计了除草机器人的机械臂除草执行系统,求取了机械臂运动学逆解,用 VC++ 开发了控制程序。

蒋郁对步进式除草机进行了人机工程学设计,利用 Pro/E 软件的质量分析模块对步进式水田除草机进行了质量属性分析,并对该除草机进行了田间性能试验。

李碧清将嵌入式 Web 和 ZigBee 技术引入机器人的控制系统中,设计了一种新型杂草自动识别除草机器人,该机器人可以利用作物颜色特征在 RGB 颜色空间对图像进行分割,使用 OTSU 方法检测作物的中心线,以农作物行中心线为基准线进行自动行走,实现了机器人的自主导航功能;最后,为了验证机器人杂草识别和导航性能的可靠性,对机器人的性能进行了测试。

魏丛梅针对苗间除草装置,利用自制扭矩传感器测取除草机工作过程中除草刀轴上产生的扭矩;选取影响除草机功率消耗的刀盘转速、机具前进速度、除草作业深度三个因素为试验因子,采用二次正交旋转设计方法进行试验研究。

蒋郁、齐龙等人针对水稻株间机械除草自动化程度低、难度大的问题,在机器视觉识别定位技术研究的基础上,采用机械设计理论、离散元动力学仿真方法结合田间试验,研制出气动式水稻株间机械除草装置。他们首先对气动式株间除草机构的结构进行了设计,运用运动学方程计算并确定了机构的几何参数,通过 Pro/E 软件进行运动学仿真验证了机构的可行性;然后对除草刀齿与水田土壤的相互作用过程进行了仿真,并对仿真结果进行了验证试验;最后通过田间试验验证了整机工作性能,并利用三因素五水平二次旋转正交试验对影响杂草除去率与伤苗率的工作参数进行了分析。

陈学深等人为使除草部件的作业路径能避开稻苗,降低机械除草的伤苗率,设计了一种机器视觉与液压伺服控制技术相结合的避苗控制系统。他们采用垂直俯拍方式,提取了稻苗冠层边界的形心图像坐标位置;通过小孔成像模型转换,获得了稻苗地面坐标位置及除草部件中心与秧行中心线的距离;建立了平行四杆纠偏机构的液压控制系统模型,获得了纠偏调控量与液压推杆的映射关系。

由农业农村部南京农业机械化研究所研制的自走式水田中耕除草机如图 1-9 所示。该除草机的动力由插秧机底盘提供,分别驱动行间旋转除草部件和株间摆动除草部件。行间除草部件旋转除去行间杂草,株间除草部件往复摆动除去秧苗两侧杂草。该机型的限深机构采用液压控制,使得除草作业处于合理深度。

由东北农业大学研制的手扶式中耕除草机如图1-10所示。该机型由动力底盘部件、传动部件、株间除草部件、行间除草部件、仿生限深部件等组成。除草部件通过悬挂装置以三点悬挂方式连接在动力底盘部件上,由仿生限深部件调节除草深度。株间除草部件旋转前进作业,行间除草部件滚动前进作业。该除草机具有制造成本低、结构简单、操作方便等优点。

图1-9　自走式水田中耕除草机　　　　图1-10　手扶式中耕除草机

国内外机械除草采用图像识别、激光扫描及红外传感器等先进智能化技术,拓宽了机械除草的研究领域,但实际应用成本高,智能识别具有滞后性,作业过程中不可避免地损伤水稻秧苗;而我国稻田化学除草面积占种植面积的90%以上,长期、大量、高频施药会产生杂草抗药性、作物药害、环境污染等诸多负面问题。机械除草作为一种环境友好型的绿色除草方式,可以有效缓解当前化学除草带来的危害,符合我国提出的质量兴农、绿色兴农的农业产业发展方向。国内水田除草机目前还处于研制阶段,水田机械特别是水田除草机械研究尚处在理论和试验研究阶段,未能在生产中广泛应用,同样存在损伤水稻秧苗的问题。国内一部分水稻秧苗中耕除草机将插秧机底盘改装成能同时去除行间和株间杂草的除草机械,但是存在作业时在田间转向造成大面积轧苗现象,更不适用于山区和丘陵地区作业;还有一些小型除草机械对行间杂草有效,而不能有效去除株间杂草。日本的研究机构和农机生产企业已经开发了一系列水田除草机,但价格较高,且长期依赖日本的水稻生产机械将影响我国农业生产的战略安全。因此,我国迫切需要提高水稻机械除草关键技术和装备的自主研发水平。基于水田环境的复杂性和水稻种植的农艺特点,水稻生产中采用机械除草方式存在着伤苗率高、除草率低、适应性差等问题;而水稻种植的株距较小(机械化移栽株距 10 ~ 17 cm),株间机械除草技术更是成为水田机械除草的"瓶颈"问题。

综上所述,鉴于水稻机械除草的重要性,针对水稻机械除草技术中的难点,本书在系统分析国内外水稻田间除草技术现状的基础上,以杂草品种稗草、水葱、燕尾草,水稻秧苗品种龙粳 26 为研究对象,对影响除草性能的水田植物物理特性进行了研究,确定了插秧后第 7 天至第 19 天的稗草、水葱、燕尾草的秧苗高度、茎部断面直径、根深、根部断面直径,以及根系和秧苗在拉伸、剪切过程中的变形规律和极限强度,并设计了水田株间除草装置,根据其工作原理,确定了除草关键部件弹齿盘的形状、轮廓、中心曲线等关键参数;基于水田株间除草装置的工作原理,利用速度、加速度合成定理构建了弹齿盘除草过程的运动模型,确定了弹齿端部运动轨迹,利用质心运动定理,构建了弹齿除草过程中施加于水田植物上的力,并进行仿真获得了秧苗伤秧力,对水田植物进行了变形分析;构建了水田植物强度模型,通过仿真获得了不同参数对水田植物的影响规律。

1.3　研　究　目　标

针对目前水稻秧苗株间除草机械杂草除去率低、伤苗率高等缺点,基于水田植物(水稻秧苗和稗草)的物理特性,本书利用弹齿式除草装置试验台开展结构简单、效率高的水稻秧苗株间除草机构的工作机理、设计理论与方法研究;研究弹齿式水田株间除草机构的运动特性和建模方法,建立除草机构运动学模型,并通过仿真获得除草机构理论模型与参数之间的变化规律;研究水田植物与弹齿接触时受力和变形情况,根据变形获得水田植物与弹齿接触时的应力模型,建立水田植物除草过程中满足的强度条件;建立水田植物和弹齿盘的三维模型,通过虚拟试验,分析弹齿机构参数对水稻秧苗和稗草应力的影响规律,最后利用试验获得最优参数组合。本项目的成功实施,为今后具有自主知识产权的水稻秧苗株间除草机的研发提供了理论和试验基础。

1.4　主要研究内容和方案

1.4.1　主要研究内容

1. 水田植物物理特性研究

以杂草品种稗草、水葱、燕尾草,水稻秧苗品种龙粳 26 为研究对象,对影响除草性能的水田植物物理特性进行了研究,研究插秧后第 7 天至第 19 天的稗草、水葱、燕尾草的秧苗高度、茎部断面直径、根深、根部断面直径,以及根系和秧苗在拉伸、剪切过程中的变形规律和极限强度。

2. 水稻秧苗弹齿式株间除草装置关键部件机理研究

①根据水田株间除草装置工作原理,研究了除草关键部件弹齿盘的形状、轮廓、中心曲线等关键参数。

②基于水田株间除草装置的工作原理,利用速度、加速度合成定理构建了弹齿盘除草过程的运动模型,研究了弹齿端部运动轨迹。

③构建弹齿除草过程中施加于水田植物上的力学模型,并通过仿真获得了不同参数对秧苗受力的影响规律;同时利用测试系统对不同条件下的秧苗受力进行测定,获得了各参数对秧苗受力的影响规律并与理论研究结果进行了对比分析。

④对水田植物进行了变形分析,构建了水田植物强度模型,通过仿真获得了不同参数对水田植物的影响规律。

⑤对秧苗和弹齿盘进行了应力分析,获得了不同载荷、不同加载位置条件下的秧苗应力、应变的变化规律,以及弹齿盘中弹齿的应力、应变的变化规律,从理论上确定了保证弹齿和秧苗可靠性的弹齿角速度、弹齿旋转半径、弹齿盘参数范围。

3. 离散元模型建立

将水田仿真土槽模型分为杂草、泥浆、耕层土壤三部分,分别在 EDEM 仿真软件中进行模型创建,并定义了不同颗粒之间的模型参数与接触方式,通过颗粒工厂进行颗粒填充,完成土槽创建,分别对弹齿进行位置调整、添加运动等一系列调节。

4. 离散元仿真设计与试验

以杂草除去率为性能指标,以弹齿数量、弹齿几何半径、弹齿旋转半径为试验因素,分别进行单因素与三因素五水平正交旋转试验,确定弹齿最佳参数。

5. 水田除草机关键参数的田间试验研究

①选取弹齿旋转半径、弹齿断面直径、弹齿转速、弹齿数量为变量进行了单因素试验研究,分析了弹齿旋转半径、弹齿断面直径、弹齿转速、弹齿数量对性能指标的影响,为多因素的研究确定了 0 水平。

②根据单因素试验结果,选取弹齿旋转半径、弹齿断面直径、弹齿转速三个因素进行多因素试验,依据二次正交旋转组合设计的试验方法,建立了弹齿旋转半径、弹齿断面直径、弹齿转速对性能指标的回归方程,探讨了弹齿旋转半径、弹齿断面直径、弹齿转速对性能指标的影响规律;通过回归分析,得出影响性能指标的主次因素;采用主目标函数法,利用各性能指标的回归方程,运用 MATLAB 进行优化求解,确定了比较理想的工艺参数。

1.4.2 主要研究方案

1. 水田植物和水田土壤的物理特性研究(方案1)

水田除草作业环境系统包括水稻秧苗、杂草、水田土壤和作业机械,其中水稻秧苗、稗草与水田土壤在格田中的结构如图 1－11 所示。水田土壤分为两层,即泥浆层和泥土层。泥浆层的深度为 30～50 mm,泥土层的深度为 160～180 mm,在水稻秧苗插秧后 2 周内,水稻秧苗和稗草的根部分布深度分别为 80～100 mm、30～50 mm。

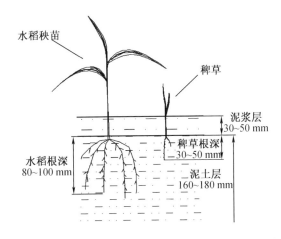

图 1－11 水稻秧苗、稗草与水田土壤在格田中的结构

　　为了研究除草机理,本书首先根据材料基本变形理论和方法,利用万能试验机对插秧后第7天至第19天不同时间水田植物根系、秧苗的尺寸特征,进行力学性能试验研究,获得不同时间根系、秧苗的应力－应变曲线,分析根系、秧苗在拉伸、剪切作用下的变形规律和破坏规律,获得了根系、秧苗的抗拉强度、抗剪强度、弹性模量等主要性能指标,为除草机理的研究奠定了基础。

　　2. 水稻秧苗弹齿式株间除草装置关键部件机理的研究(方案2)

　　弹齿式水田株间除草机构的空间笛卡儿直角坐标系如图1－12所示。该除草机构采用钢丝软轴进行传动,并配合球铰联轴器,控制系统根据水稻秧苗和水田杂草受力大小控制弹齿盘施力大小,能够适应不同地形和行距;针对上述除草机构,本书在研究过程中根据其工作原理,分析其运动学特性,建立弹齿式除草机构的运动学模型,获得弹齿运动轨迹;根据质心运动定理,从理论方面获得了弹齿除草过程的受力,并通过仿真获得了各参数对除草过程受力的影响规律;利用自行研制的秧苗力学测试装置(图1－13),测出水稻秧苗、稗草与除草机构接触时的受力规律,获得了弹齿角速度、秧苗株数等参数对除草过程伤秧力的影响规律。

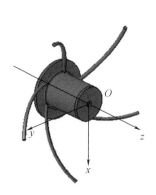

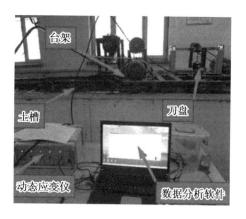

图1－12　空间笛卡儿直角坐标系示意图　　图1－13　秧苗力学测试装置工作状态图

　　3. 水田植物与弹齿接触的强度研究(方案3)

　　在理论方面,首先,根据方案1获得的弹齿打击水田植物的速度和加速度变化规律,由动量定理获得水田植物与弹齿接触时的受力情况;其次,根据受力情况分析水田植物与弹齿接触时的变形情况;最后,根据变形获得水田植物与弹齿接触时的应力模型,并结合方案1中水田植物的强度极限应力,建立水田植物与弹齿接触时的强度条件。

在虚拟试验方面,选择水田植物为研究对象,首先,分析水田土壤对水田植物的约束情况;其次,在方案2优化后的弹齿结构参数与工艺参数的基础上,自行研制一种伤秧力测试系统(图1-13),测出水稻秧苗和稗草与除草机构接触时的受力规律;再次,将弹齿机构三维模型及水稻秧苗和稗草模型导入 ANSYS 软件中,并将方案1获得的水稻秧苗和稗草的基本物理特性指标、土壤对水稻秧苗和稗草的约束及稗草与除草机构接触时的受力规律赋予三维模型;最后,应用 ANSYS 软件进行应力分析,通过虚拟试验,分析弹齿结构参数和工艺参数对水稻秧苗和稗草应力的影响规律,确定水稻秧苗和稗草应力的变化规律,并与理论研究结果进行对比分析,获得满足水田植物强度条件的机构形式较佳结构参数。

4. 基于 EDEM 的仿真分析

在 EDEM 仿真软件中,将水田土槽模型分为杂草、泥浆、耕层土壤三部分,分别进行模型创建;并定义不同颗粒之间的模型参数与接触方式,经过创建颗粒工厂进行颗粒填充,完成土槽创建,将打浆刀导入 EDEM 仿真软件中,完成除草弹齿-泥浆-土壤-杂草复合模型的建立,为仿真试验奠定基础;以杂草除去率为性能指标,以弹齿数量、弹齿几何半径、弹齿旋转半径为试验因素,在 EDEM 仿真软件中分别进行单因素与三因素五水平正交旋转试验;同时对杂草去除率的回归方程进行优化求解,确定除草弹齿最佳几何参数。

5. 试验研究

根据单因素试验,获得弹齿旋转半径、弹齿断面直径、弹齿转速、弹齿数量等关键参数对除草性能的影响规律;根据单因素研究结果,按照三因素五水平二次正交旋转组合设计方案,进行试验研究,建立了各因素对性能指标的回归方程,探讨了各因素对除草性能指标的影响规律;通过回归分析,得出影响除草性能指标的主次因素;采用主目标函数法,运用 MATLAB 进行优化求解,确定了比较理想的结构参数,并通过试验验证获得了机构杂草除去率、伤秧率。

1.5 主要技术路线

本书研究的主要技术路线如图1-14所示。

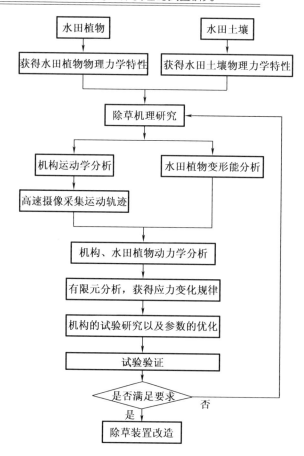

图 1 – 14　技术路线图

1.6　本 章 小 结

　　本章在论述本项目的研究目的、意义以及国内外水田机械除草研究现状的基础上介绍了本项目的主要研究内容、研究方案、研究目标和技术路线。

第 2 章　水田植物物理特性的研究

2.1　除草环境及农艺要求

2.1.1　除草环境

除草环境包括水稻秧苗、杂草、土壤等,各环境因素在格田中的结构可参见图 1-11。泥浆层的深度为 30~50 mm,泥土层的深度为 160~180 mm,在水稻秧苗插秧后 2 周内,水稻秧苗和稗草的根部分布深度分别为 80~100 mm、30~50 mm。秧苗株间距离为 100~120 mm,秧秧行间距离为 300 mm。

2.1.2　农艺要求

根据农艺要求,株间杂草除去率大于 75%,株间伤苗率小于 5%。对黑龙江省而言,6 月上旬以后气温升高,光照充足,杂草生长迅速,为杂草危害发生的高峰期。以往的研究结果显示,移栽田和直播田的最佳除草作业时间分别为种植后的第 7 天至第 21 天和第 20 天至第 30 天。

2.2　水稻的生长特性

水稻是一年生禾本科植物,具有几千年的驯化史,是我国主要的粮食作物。水稻喜高温、多湿、短日照,在我国分布广泛,北起黑龙江省呼玛县,南至海南岛都有分布。水稻的生长发育可分为两个彼此联系而又性质不同的阶段,即营养生长阶段和生殖生长阶段。水稻的产量与根系的发育关系紧密,有研究表明,水稻产量与其根系的活力成正相关。了解水稻的特性及其与环境的关系,是保证稻作高产的重要因素之一。

水稻根系属于须根系,有发达的不定根,具有固着、吸收、输导、通气等功能。水稻根系由种子根、冠根构成。水稻种子发芽时,由胚直接伸出一条种子根,其后茎基部密集的节上所生的根叫作冠根。水稻由于移栽时根系受损,插秧后的第 3 天至第 7 天内根的生长较慢,重发新根、萌发新叶的这段过程称作返青期,此后生长速度增快。返青期结束后即进入分蘖期,此时根的横向扩展最大,在 20 cm 范围内的根群分布呈扁椭圆形,一般有 200 条左右,多者可达千条;根长可达 40～60 cm。水稻移栽后的根系如图 2 - 1 所示。从分蘖至抽穗这段时间为根系生长的最重要阶段,因此除草时如何尽量避免伤苗,是水田中耕机械化研究的基础问题。

图 2 - 1　水稻移栽后的根系

2.3　稻田杂草的生长特性

稗草是造成水稻产量损失最严重的水田杂草,因此,相比其他种类的杂草,其得到了人们更多的关注与研究。

稗草隶属于禾本科,与水稻外形颇为相似,与水稻的伴生性强,近年来已经成为水田第一恶性杂草,严重影响水稻的产量和品质。稗草在全国的水稻种植区都有分布。田间稗草的密度越大,水稻的产量损失越显著。稗草对水稻产量的影响体现在水稻生长发育过程中养分、光照等受到稗草的竞争,导致分蘖数量下降。当稗草的密度为 1.67 株/米^2 时,水稻减产 16.48%;当稗草的密度为 13.33 株/米^2 时,水稻减产 50% 以上。稗草具有发达的须根系,仅在生长初期根系少而纤细。移栽后第 7 天的稗草只有 1～2 条须根,植株高 3～5 cm,如图 2 - 2 所示。

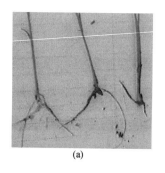

(a)

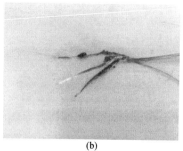

(b)

图 2 - 2　移栽后第 7 天的稗草根系

稗草一般在日平均气温达 10 ℃时就开始萌发,其生长发育与土层深度和水层深度有密切关系,土层深度 2 ~ 5 cm 基本都可出苗,7 cm 以上出苗 30% 左右,10 cm 时基本不出苗。土层湿润状态时稗草出苗率较高,水层达 3 ~ 5 cm 时出苗率为 50% ~ 60% 。一般整地后 10 ~ 20 天为稗草生长盛期,其在 6 月 10 日—15 日可达 2 叶末期,此时抗性最弱,是防除的最佳时期。

通过查阅文献可知,水田除草的最佳时期是在水稻移栽后的第 7 天至第 10 天,在插秧后 10 天内进行除草对水稻产量的影响较小。若在插秧 10 天后除草,除草每延后 1 天,水稻即减产 10.108 g/m²。因此,本项目的除草作业在水稻插秧后的第 7 天进行。

2.4　稗草茎叶物理性能的测定

2.4.1　稗草三维尺寸的测定

1. 测定方法

稗草茎叶的三维尺寸主要包括茎部断面直径和高度,如图 2 - 3 所示。稗草断面形状为圆形,其直径的测量工具为电子数显卡尺,如图 2 - 4 所示,其精度为 0.001 mm。高度是指稗草从地面到其尖部的距离,其测量工具为直尺。分别在插秧后第 7 天、10 天、13 天、16 天、19 天时,对稗草茎叶的三维尺寸进行测量,如图 2 - 5 所示。测量时,随机选取稗草 10 株作为研究对象。测量茎部断面直径时,随机取一株上的 10 个点,然后取平均值。测量高度时,每次试验测量 3 次取平均值,获得不同时间稗草茎叶三维尺寸的变化规律以及主要变化程度。

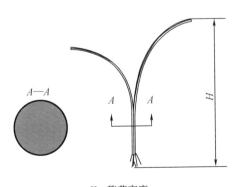

H—稗草高度。

图 2 - 3　稗草茎叶三维尺寸图

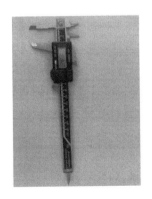

图 2 - 4　电子数显卡尺

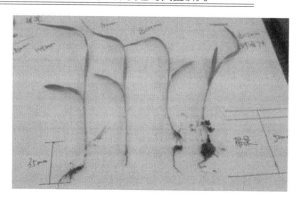

图2-5　稗草茎叶的三维尺寸测量图

2. 测定结果

稗草茎叶的三维尺寸见表2-1。

表2-1　稗草茎叶的三维尺寸

插秧后的时间/天	稗草高度/mm	茎部断面直径/mm
7	72.56	0.32
10	90.23	0.46
13	105.85	0.85
16	123.48	1.35
19	246.23	2.06

稗草高度和茎部断面直径随插秧后时间变化的曲线如图2-6、图2-7所示。由图可知,稗草高度和茎部断面直径均随插秧后时间的增加而增加,其中稗草高度随插秧后时间的变化幅度近似于直线,整个插秧过程变化幅度相似。在插秧后第19天时,稗草高度达到了246.23 mm;茎部断面直径随插秧时间呈下凸形曲线变化,在插秧10天后增加幅度加大。在插秧后第19天时,稗草茎部断面直径达到了2.06 mm。稗草高度随插秧后时间变化的规律符合指数曲线,拟合度较好,拟合值$R^2 = 0.9871$;茎部断面直径随插秧时间变化的规律符合指数曲线,拟合度较好,拟合值$R^2 = 0.9947$。

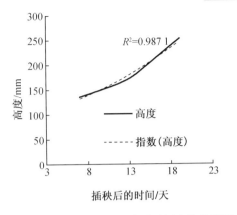

图 2-6　稗草高度随插秧后时间变化曲线图

图 2-7　稗草茎部断面直径随插秧后时间
　　　　变化曲线图

2.4.2　稗草根部三维尺寸的测定

1. 测定方法

稗草的根部尺寸包括根部断面直径和根深,其中根深是指稗草生长在土壤以下的部分高度,其测量工具为直尺,如图 2-8 所示。分别在插秧后第 7 天、10 天、13 天、16 天、19 天时,对稗草根深和根部断面直径进行测量,测量时随机选取稗草10 株作为研究对象。测量根部断面直径时,随机取一株上的 3 个点,取平均值。测量根深时,以主根的深度为基准,为了避免误差,每次试验测量 3 次取平均值。

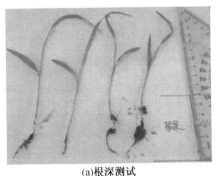
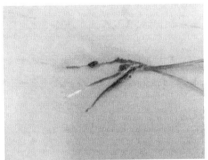

(a)根深测试　　　　　　　　　　(b)根部放大图

图 2-8　稗草根深测量图

2. 测定结果

通过测量获得稗草根部不同插秧时间的三维尺寸,见表 2-2。

表 2 - 2　稗草根部的三维尺寸

插秧后的时间/天	根深/mm	根部断面直径/mm
7	28.23	0.31
10	32.12	0.37
13	39.23	0.49
16	49.56	0.68
19	65.23	0.95

　　稗草根深和根部断面直径随插秧后时间变化的曲线如图 2 - 9 所示。由图可知,稗草根深和根部断面直径均随插秧后时间的增加而增加,且增加幅度不断加大,其中在插秧后第 19 天时,稗草根深达到了 65.23 mm,根部断面直径达到了0.95 mm。稗草根深和根部断面直径随插秧时间变化的规律均符合多项式曲线,拟合度较好,拟合值分别为 $R^2 = 0.9994$,$R^2 = 0.9999$。

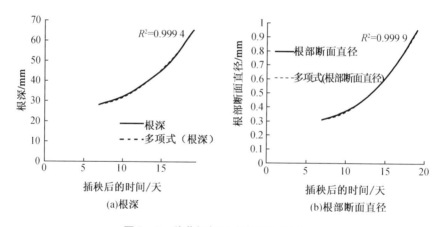

图 2 - 9　稗草根部尺寸变化曲线图

2.4.3　稗草力学性能的测定

1. 试验装置

　　试验装置采用济南试金集团有限公司生产的 WDW - 5 型微机控制电子材料万能试验机,如图 2 - 10 所示。该装置与计算机及其配套软件配合使用,具有人机交互界面,可根据实际需要通过自选程序实现自动控制。试验过程中,计算机实时显示并存储采集到的数据,以方便数据的处理与分析。

(a)万能试验机整体图

(b)剪切部件图

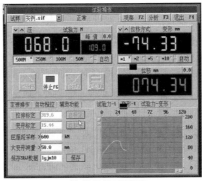

(c)计算机显示界面

图 2 - 10 WDW - 5 型微机控制电子材料万能试验机

　　试验所得到的数据精度是由传感器决定的,为保证结果精确性,采用量程为
0 ~ 200 N、测量精度为 0.02 N 的拉压传感器进行测试,传感器型号为 YZC - 516,
灵敏度系数为(2.000 ± 0.008) MV/V,综合误差 ≤ 0.03%。该万能试验机的主要
参数见表 2 - 3。

表 2 - 3 万能试验机的主要参数

性能参数	参数值
最大试验力/kN	5
速度调节范围/(mm·min^{-1})	0.05 ~ 500
速度精度	>1%
位移测量范围/mm	0 ~ 600
位移测量精度	>1%

表 2 – 3(续)

性能参数	参数值
拉伸试验行程/mm	0 ~ 600
电源电压	试验机 380 V,计算机 220 V
主机尺寸/mm	550 × 420 × 1 630
保护功能	超过最大试验力 2% 时自动停机

万能试验机由工作系统、数据采集及处理系统组成,其工作原理如图 2 – 11 所示。试验前,将计算机显示界面的位移和试验力调为零,根据实际需要选定拉压形式及测试速度。测试过程中,位移信号和试验力信号分别由位移传感器和拉压传感器感应,经放大后传向信号采集卡,采集到的数据经计算机处理后在显示界面上实时显示力 – 位移曲线图并将数据存储至相应文件中,以便后期进行数据分析。

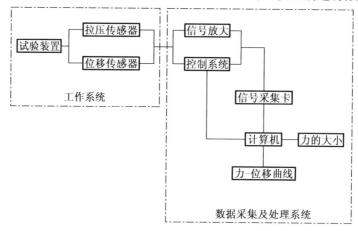

图 2 – 11   万能试验机工作原理图

本测试需对水稻秧苗和稗草进行定位和夹持,故需要选定或设计相应夹具。运用在工程材料上的夹具基本成型,但其质量较大、装卸不便且对于水稻秧苗和稗草的夹持过于硬化,容易使水稻秧苗和稗草受到损伤,进而使得测试结果不准确。因此本研究采用侯杰设计的用于农业物料的拉伸夹具,该夹具与物料接触面设计成具有一定弧度的夹持面,可使两者接触时的形变应力减小。拉伸夹具的三维模型和实体图如图 2 – 12 所示。

(a)三维模型 （b）实体图

图 2 – 12　拉伸夹具图

由于夹具由金属材料制成,而水稻秧苗较为脆弱,如果不采取措施很容易将水稻损伤,影响试验数据的准确性,因此,通常将两片 3 mm 厚弹性较好的橡胶垫贴在夹具内侧,以保证水稻秧苗和稗草不被夹具损伤。

2.试验装置标定

由于夹具较重,置于万能试验机上易改变其原始状态,因此测试前应对安装拉压传感器的万能试验机测力系统进行标定以消除系统误差。表 2 – 4 示出了万能试验机加载砝码实重与计算机显示值的关系。

表 2 – 4　万能试验机标定结果　　　　　　　　　　　　　　　　　　单位:N

加载砝码实重	计算机显示值
0.00	0.0
0.77	2.1
1.10	3.1
4.59	13.2
5.10	14.6
5.66	16.2
9.66	27.9
11.46	33.2

根据表中的数据,应用 Excel 软件拟合出的曲线如图 2－13 所示。拟合曲线方程为

$$y = 2.899\ 9x - 0.104\ 4 \qquad (2-1)$$

其拟合值 $R^2 = 0.999\ 9$,表明拟合曲线的估计值与对应的实际数据之间的拟合程度较高,拟合曲线的可靠性较高。

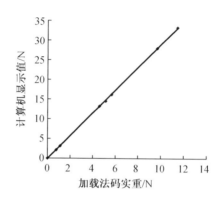

图 2－13　万能试验机标定曲线

因此,在获得计算机所显示的数值后,用拟合方程进行转换即可得到水稻秧苗或稗草实际拔秧过程中拔出力的大小。

3. 测定方法

稗草的力学性能包括弹性模量、泊松比、屈服极限和强度极限。其中弹性模量是达到比例极限之前应力与应变关系的曲线斜率;泊松比为横、纵向应变之比;屈服极限为稗草拉伸过程中达到屈服时的最高应力值;强度极限为稗草拉断时的最高应力值。所用试验设备为 WDW－5 型微机控制电子材料万能试验机,如图 2－10 所示。分别在插秧后第 7 天、10 天、13 天、16 天、19 天时,对稗草力学性能进行测量。随机选取稗草 10 株作为研究对象,测量前首先要对选定的稗草进行高度、断面直径的测量;其次安装好拉伸设备,启动机器后进行测试,在试品资料中输入稗草的基本数据,选定测试方法为恒定速度后,完成其他事项的设定,如试验停止条件、拉伸速度等;最后将选定的稗草移至拉伸部件下方连接好后开始试验。整个试验过程中,通过计算机读取稗草拉伸过程的力与位移曲线,如图 2－14 所示。

(a)　　　　　　　　　　　　　　　　(b)

图 2 – 14　稗草拉伸力学性能测定的试验过程

4. 测定结果

①分别在插秧后第 7 天、10 天、13 天、16 天、19 天时,对稗草进行拉伸力学性能试验,试验结果如图 2 – 15 所示。由图 2 – 15 可知,稗草被拉断的位置在根部。由图 2 – 16 可知,稗草拉断的过程是根部从地面拔出的过程,根部越深,拉断所需的时间越长,需要的力越大,拉伸过程中的变形也越大,尤其是随着插秧后时间的增加,根部数量增加,被拉断的难度加大。由图 2 – 17 可知,拉断的过程中,拉力随位移变动的曲线波动比较大,但总体上体现出的力学特性为:当拉力较小时,为线弹性变化;随着拉力的不断加大,稗草的变形也不断加大;当加大到弹性极限之后,稗草的变形进入屈服阶段,并且屈服阶段历时较长,可见稗草的屈服能力较强;随着拉力的不断加大,稗草被拉断,强化阶段不明显。拉断的极限拉力随稗草生长时间的不同而不同,但总体来讲,插秧后时间越长,根部插入越深,稗草的拉伸极限强度就越大。在插秧后第 7 天至第 13 天的 7 天时间里,稗草的极限拉力由 3.56 N变为 5.89 N,增加了 2.33 N;在插秧后第 13 天至第 19 天时的 7 天时间里,稗草的极限拉力由 5.89 N 变为 12.34 N,增加了 6.45 N。以上数据显示,插秧时间越长,稗草的极限拉力增加越大,使插秧后第 7 天至第 19 天的 13 天时间里,稗草的极限拉力由 3.56 N 变为 12.34 N。

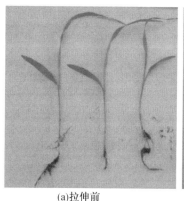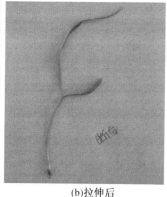

(a)拉伸前   (b)拉伸后

图 2 - 15   拉伸前后的稗草实体图

由抗拉强度公式

$$\sigma = \frac{F_N}{A}$$

式中 σ——稗草的抗拉强度,Pa;

F_N——稗草所受拉力,N;

A——稗草横截面面积,m^2。

可知,在插秧后第 7 天至第 19 天的 13 天时间里,稗草的抗拉强度由 3.31 MPa 变为 9.55 MPa。

通过弹性模量公式

$$E_b = \frac{F_N L}{A \Delta L}$$

式中 E_b——稗草的弹性模量,Pa;

F_N——稗草所受拉力,N;

L——稗草拉伸前的长度,mm;

ΔL——稗草拉伸前后的变形量,$\Delta L = L_1 - L$,其中 L_1 为稗草拉伸后的长度,mm;

A——稗草横截面面积,m^2。

可知,在插秧后第 7 天至第 19 天的 13 天时间里,稗草的弹性模量由 1.16 MPa 变为 41.07 MPa。

(a)   (b)

(c)   (d)

图 2 – 16   稗草根部的拔出过程

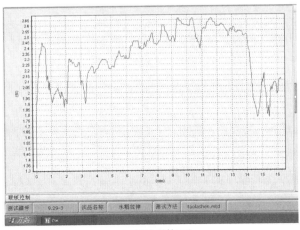

(a)插秧后第7天

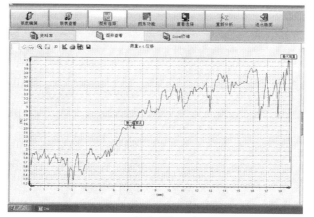

(b)插秧后第10天

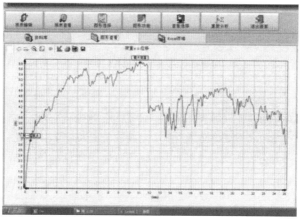

(c)插秧后第13天

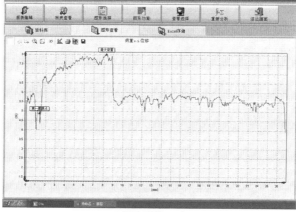

(d)插秧后第16天

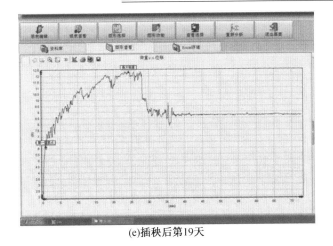

(e)插秧后第19天

图 2 - 17　不同时间稗草拉伸过程中力 - 位移曲线

　　②在插秧后第 7 天、10 天、13 天、16 天、19 天时,对稗草根部进行剪切试验,试验结果如图 2 - 18 所示。由图可知,在剪切过程中,稗草所受到的剪切力随位移的增加先增大后急剧减小,剪切力随位移变化的曲线存在一定的波动,但波动性远小于拉伸过程中稗草所受拉力随位移变化的曲线。在整个剪切过程中,总体上体现出的力学特性为:当力较小时,为线弹性变化;随着剪切力的不断加大,稗草的变形也不断加大;当加大到弹性极限之后,稗草的变形进入屈服阶段,并且屈服阶段变形较大,历时较长,可见稗草的屈服能力较强;随着剪切力的不断加大,进入了强化阶段,但不明显,超过强度极限,稗草即被剪短。剪切的极限力随稗草生长时间的不同而不同,但总体来讲,插秧后时间越长,稗草根越深、断面直径越大,其剪切极限强度就越大。在插秧后第 7 天至第 13 天的 7 天时间里,稗草的极限剪切力由 3.237 N 变为 4.878 N,增加了 1.641 N;在插秧后第 13 天至第 19 天的 7 天时间里,稗草的极限剪切力由 4.878 N 变为 7.007 N,增加了 2.129 N。以上数据显示,插秧后时间越长,稗草的极限剪切力越大,在插秧后第 7 天至第 19 天的 13 天时间里,稗草的极限剪切力由 3.237 N 变为 7.007 N。

　　由抗剪强度公式

$$\tau = \frac{F_\mathrm{s}}{A}$$

式中　τ——抗剪强度,Pa;

　　　　F_s——所受剪切力,Pa;

　　　　A——稗草剪切面面积,m^2。

可知,插秧后第 7 天至第 19 天的 13 天时间里,稗草的抗剪强度由 4.122 MPa 变为 7.53 MPa。

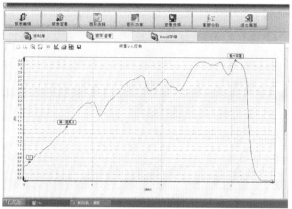

(a)插秧后第7天

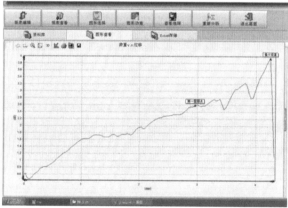

(b)插秧后第10天

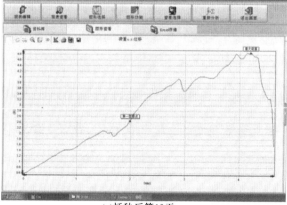

(c)插秧后第13天

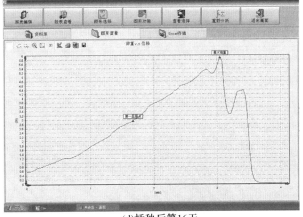

(d)插秧后第16天

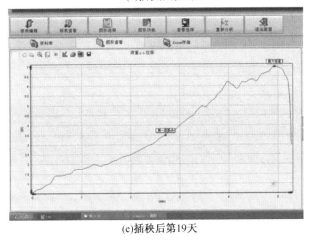

(e)插秧后第19天

图 2 - 18　不同时间稗草剪切过程中力 - 位移曲线

2.5　其他杂草物理性能的测定

2.5.1　其他杂草茎叶三维尺寸的测定

1.测定方法

以水葱和燕尾草(图 2 - 19)为研究对象,分别在插秧后第 7 天、10 天、13 天、16 天、19 天时,对水葱和燕尾草的三维尺寸进行测量,测量时随机选取杂草 10 株作为研究对象。测量茎部断面直径时,随机取一株上的 10 个点,取平均值。测量高度时,每次试验测量 3 次取平均值,获得不同时间杂草茎叶三维尺寸的变化规律以及主要变化程度。

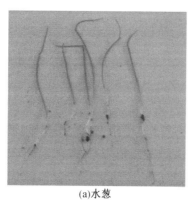

(a)水葱　　　　　　　　　　　(b)燕尾草

图 2 - 19　水葱和燕尾草实体图

2. 测定结果

　　通过测量获得水葱和燕尾草茎叶三维尺寸随插秧后时间的变化曲线,如图 2 - 20 所示。由图可知,水葱和燕尾草的高度和茎部断面直径的变化曲线为非线性,其中在插秧后第 19 天时,水葱和燕尾草的高度分别达到了 106 mm、90.2 mm。两者茎部断面直径在插秧 10 天后增加幅度加大,在插秧后第 19 天时,水葱和燕尾草的最大断面直径分别达到了 0.72 mm、0.98 mm。水葱高度随插秧后时间的变化规律符合线性关系,拟合度较好,拟合值 $R^2 = 0.997\,4$;茎部断面直径随插秧后时间的变化规律符合多项式关系,拟合度较好,拟合值 $R^2 = 0.999\,1$。燕尾草高度随插秧后时间的变化规律符合多项式关系,拟合度较好,拟合值 $R^2 = 0.980\,2$;茎部断面直径随插秧后时间的变化规律符合多项式关系,拟合度较好,拟合值 $R^2 = 0.980\,2$。

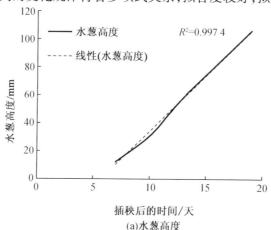

(a)水葱高度

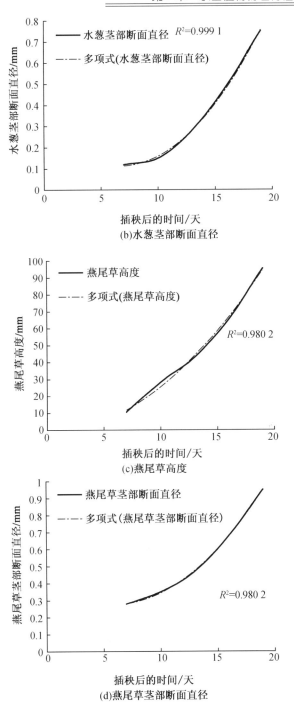

(b)水葱茎部断面直径

(c)燕尾草高度

(d)燕尾草茎部断面直径

图 2 - 20　水葱和燕尾草的三维尺寸随插秧后时间的变化曲线

2.5.2　其他杂草根部尺寸的测定

1.测定方法

以水葱和燕尾草为研究对象,分别在插秧后第 7 天、10 天、13 天、16 天、19 天时,对稗草根深和根部断面直径进行测量,测量时随机选取水葱和燕尾草 10 株作为研究对象。测量根部断面直径时,随机取一株上的 3 个点,取平均值;测量根深时,按照测量 3 次取平均值的原则,获得不同时间水葱和燕尾草三维尺寸的变化规律以及主要变化程度。

2.测定结果

通过测量获得水葱和燕尾草根部尺寸随插秧后时间的变化曲线,如图 2 − 21 所示。由图可知,水葱和燕尾草的根深和根部断面直径均随插秧后时间的增加而增加,其中在插秧 13 天后根深增加幅度有所增加,在插秧后第 19 天时,水葱和燕尾草的根深分别达到了 41.2 mm、19.8 mm。断面直径在插秧 10 天后增加幅度加大,在插秧后第 19 天时,水葱和燕尾草的根部断面直径分别达到了 0.28 mm、0.59 mm。水葱根深随插秧时间的变化规律符合线性关系,拟合度较好,拟合值 $R^2 = 0.997\ 4$;根部断面直径随插秧时间的变化规律符合多项式关系,拟合度较好,拟合值 $R^2 = 0.999\ 1$。燕尾草根深随插秧后时间的变化规律符合多项式关系,拟合度较好,拟合值 $R^2 = 0.980\ 2$;根部断面直径随插秧后时间的变化规律符合多项式关系,拟合度较好,拟合值 $R^2 = 0.997\ 0$。

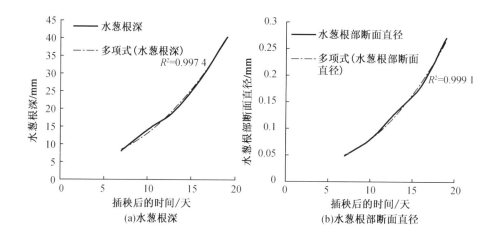

(a)水葱根深　　　　　　　　(b)水葱根部断面直径

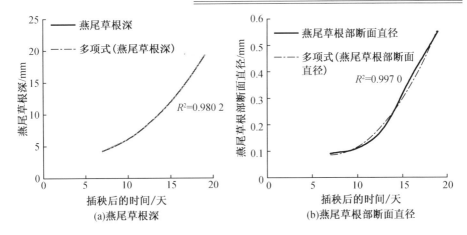

(a)燕尾草根深　　　　　　　　(b)燕尾草根部断面直径

图 2 - 21　水葱和燕尾草根部尺寸随插秧后时间的变化曲线

2.5.3　其他杂草力学性能的测定

1.测定方法

以水葱和燕尾草为研究对象,利用 WDW - 5 型微机控制电子材料万能试验机(使用方法同前),在不同生长阶段对其进行拉伸和剪切试验。

2.测定结果

分别在插秧后第 7 天、10 天、15 天、20 天时,对水葱进行拉伸试验,试验结果如图 2 - 22 所示;分别在插秧后第 7 天、10 天、15 天、17 天、20 时,对水葱进行剪切试验,试验结果如图 2 - 23 所示。由图可知,不同时间水葱拉伸下的力 - 位移曲线总体趋势相似,呈现的力学性能为:当拉伸时,在小变形下,力与位移成正比,达到比例极限之后,有一小段的屈服过程,这个过程很短,就进入了强化阶段,当达到最高点后,水葱陆续被拉断。不同时间比例极限、屈服极限、强度极限均不同,但比例极限和屈服极限差距较小,强度极限差距较大,分别在第 7 天、10 天、15 天、17 天时获得水葱的强度极限,见表 2 - 5。当剪切时,水葱的整体变形量与拉伸时一致,均为 4 ~ 5 mm,但是剪切的变形主要发生在开始阶段,拉伸的变形主要发生在屈服期间,水葱所能承受的剪切极限强度大于拉伸极限强度,在第 20 天时剪切力达到了 6.5 N。

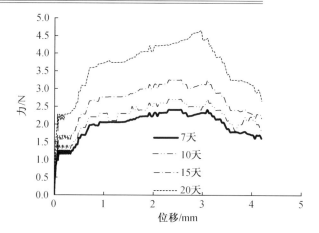

图 2 - 22　插秧后不同时间水葱拉伸下的力 - 位移曲线

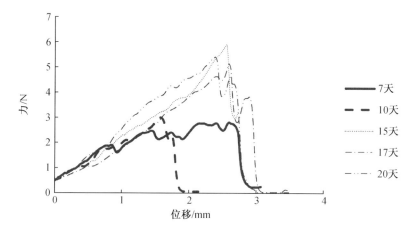

图 2 - 23　插秧后不同时间水葱剪切下的力 - 位移曲线

表 2 - 5　水葱的强度极限表

天数	比例极限/MPa	屈服极限/MPa	强度极限/MPa	剪切极限/MPa
7	1.2	1.3	2.3	2.9
10	1.3	1.4	2.5	3.2
15	1.7	1.8	3.1	6.1
17	2.3	2.4	4.8	7.1

2.6　水稻秧苗物理性能的测定

2.6.1　水稻秧苗茎叶三维尺寸的测定

1. 测定方法

分别在插秧后第 7 天、10 天、13 天、16 天、19 天时,对水稻秧苗茎叶的三维尺寸进行测量,测量方法与 2.4.1 节相同。

2. 测定结果

秧苗高度和茎部断面直径随插秧后时间变化的曲线如图 2 − 24、图 2 − 25 所示。由图可知,秧苗高度和茎部断面直径均随插秧后时间的增加而增加,其中在插秧 13 天后秧苗高度增加幅度有所加大,在插秧后第 19 天时,秧苗高度达到了251.6 mm;在插秧 10 天后茎部断面直径增加幅度加大,在插秧后第 19 天时,秧苗最大断面直径达到了 3.53 mm。秧苗高度随插秧后时间变化的规律符合指数曲线,拟合度较好,拟合值 $R^2 = 0.987\ 1$;断面直径随插秧后时间变化的规律符合指数曲线,拟合度较好,拟合值 $R^2 = 0.985\ 5$。

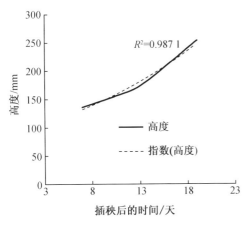

图 2 − 24　秧苗高度变化曲线图

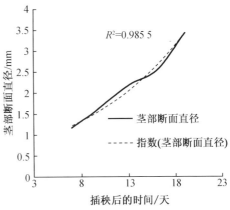

图 2 − 25　秧苗茎部断面直径变化曲线图

2.6.2　水稻秧苗根部尺寸的测定

1. 测定方法

秧苗的根部尺寸包括根部断面直径和根深,其中根深的测量工具为直尺。分别在插秧后第 7 天、10 天、13 天、16 天、19 天时,对秧苗根深和根部断面直径进行测量。种植情况如图 2 – 26 所示,测量如图 2 – 27 所示。测量时随机选取秧苗 10 株作为研究对象。测量根部断面直径时随机取一株上的 3 个点,取平均值。测量根深时,按照测量 3 次取平均值的原则,获得不同时间秧苗根部尺寸的变化规律以及主要变化程度。

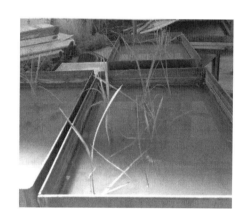

图 2 – 26　秧苗插秧后种植情况

图 2 – 27　秧苗插秧后第 13 天根系

2. 测定结果

秧苗根部尺寸随插秧后时间变化的曲线如图 2 – 28 所示。由图可知,秧苗根深和根部断面直径均随插秧后时间的增加而增加,且增加幅度不断加大,其中在插秧后第 19 天时,秧苗根深达到了 145.23 mm;根部最大断面直径达到了 9.56 mm。秧苗根深和根部断面直径随插秧后时间的变化规律均符合指数曲线,拟合度较好,拟合值分别为 $R^2 = 0.981\ 4$、$R^2 = 0.987\ 6$。

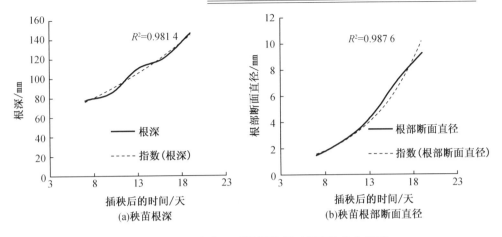

图 2－28　秧苗根部尺寸随插秧后时间变化的曲线图

2.6.3　水稻秧苗力学性能的测定

1. 试验方法

同龄的水稻秧苗根须数量、单根直径及扎根深度相差不大。一穴内,水稻秧苗株数不会影响单根直径和扎根深度,但根须总数量会随单穴水稻秧苗株数的增多而增加,反之亦然。而单穴水稻秧苗根须总数量不同,由于其与土壤接触面积不同,则必然会导致其拔出力的变化。为统计方便,本研究考察了单穴水稻秧苗不同株数对拔出力的影响。为确定单穴水稻秧苗的株数,第一次除草时段在试验田中随机抽取 115 穴秧苗进行观察统计,统计结果如图 2－29 所示。

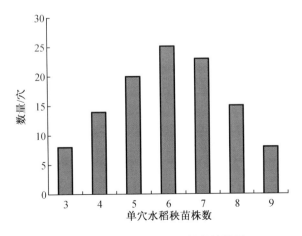

图 2－29　单穴水稻秧苗株数统计图

统计结果显示,第一个除草时段单穴水稻秧苗株为 3~9 不等。第二个除草时段水稻秧苗正处于分蘖期,刚分蘖出的秧苗细弱,统计时暂不计入单穴秧苗株数。第一个除草时段和第二个除草时段对单穴株数为 3~9 的水稻秧苗进行 6 次重复试验,每组试验重复 6 次。而通过观察发现,第一个除草时段和第二个除草时段的田间稗草均为单株生长。因此,分别对两个除草时段的稗草进行重复试验,每组试验重复 8 次。

试验前,分别将田间第一个除草时段和第二个除草时段的水稻秧苗和稗草移至高 200 mm、直径 220 mm 的器皿内,以便使用万能试验机进行测试。转移过程中,始终保持有足够的土壤裹覆在水稻秧苗和稗草根系周围,以确保其根系的生长环境与田间保持一致。由于秧苗的茎部和叶部对拔出力影响很小,因此,为方便夹具固定秧苗,试验前剪去秧苗的叶部和部分茎部。在加载速度为 20 mm/min 的条件下进行拔秧试验。

分别在插秧后第 7 天、12 天、17 天、21 天时,对秧苗力学性能进行测量。随机选取秧苗 10 株作为研究对象,测量前首先要对选定的秧苗进行高度、茎部断面直径的测量;其次安装好拉伸设备,启动机器后执行测试,在试品资料中输入秧苗的基本数据,选定测试方法为恒定速度后,完成其他事项的设定,如试验停止条件、拉伸速度等;最后将选定的秧苗移至拉伸部件下方连接好后,开始试验。试验过程中通过计算机读取秧苗拉伸过程的力与位移曲线,如图 2-30 所示。通过试验获得不同时间秧苗力学性能的变化规律。

试验地点:黑龙江八一农垦大学工程学院机械工程研究室。

试验设备:WDW-5 型微机控制电子材料万能试验机,量程 50 N,精度 0.01 N。

2. 试验过程

由图 2-30 秧苗拉伸过程可知,秧苗受到拉力作用时,根部慢慢从地下拔出,根部越深,拉断所需的时间越长,需要的力越大,拉伸过程中的变形也就越大,尤其是随着插秧后时间的增加,秧苗根部的数量增多,拉断的难度也随之加大。

3. 测定结果

(1)单穴不同株数的拉伸试验

采取单因素重复试验方法分别对第一个除草时段和第二个除草时段的田间水稻秧苗拔出力进行测试,得到的结果分别见表 2-6 和表 2-7。

(a)　　　　　　　　　　(b)

图 2 − 30　秧苗拉伸过程

表 2 − 6　第一个除草时段水稻秧苗拔出力测试结果

单穴秧苗株数	波形峰值/N	实际拔出力/N	平均值/N	平均单株拔出力/N
3	6.12	2.11	2.57	0.86
	8.05	2.78		
	7.51	2.59		
	6.53	2.25		
	7.85	2.71		
	8.56	2.95		
4	8.6	2.97	3.65	0.91
	9.88	3.41		
	13.47	4.65		
	10.23	3.53		
	9.65	3.33		
	11.54	3.99		

表 2 - 6（续）

单穴秧苗株数	波形峰值/N	实际拔出力/N	平均值/N	平均单株拔出力/N
5	16.51	5.70	4.48	0.90
	11.08	3.83		
	11.06	3.82		
	12.66	4.37		
	11.96	4.13		
	14.63	5.05		
6	16.53	5.71	5.86	0.98
	19.07	6.59		
	11.94	4.12		
	18.02	6.23		
	17.85	6.17		
	18.27	6.31		
7	17.02	5.88	5.76	0.82
	16.26	5.62		
	20.96	7.24		
	13.62	4.7		
	15.61	5.39		
	16.53	5.71		
8	21.60	7.47	7.07	0.88
	20.00	6.91		
	18.68	6.46		
	19.16	6.62		
	20.45	7.07		
	22.32	7.72		
9	22.50	7.78	7.67	0.85
	22.90	7.92		
	19.95	6.89		
	19.95	6.90		
	24.32	8.41		
	19.89	6.87		

表 2-7　第二个除草时段水稻秧苗拔出力测试结果

单穴秧苗株数	波形峰值/N	实际拔出力/N	平均值/N	平均单株拔出力/N
3	31.29	10.82	9.70	3.23
	24.07	8.34		
	28.97	10.03		
	24.72	8.56		
	28.46	9.85		
	30.55	10.57		
4	40.37	13.96	13.05	3.26
	40.89	14.14		
	39.53	13.67		
	32.00	11.07		
	39.19	13.55		
	35.74	12.36		
5	40.91	14.14	14.11	2.82
	68.79	16.69		
	48.31	12.21		
	41.54	14.36		
	34.43	11.91		
	44.44	15.36		
6	46.12	15.94	17.22	2.87
	65.76	22.71		
	41.80	14.45		
	49.85	17.22		
	44.42	15.35		
	51.08	17.65		
7	44.91	15.52	18.04	2.58
	56.82	19.63		
	52.54	18.15		
	59.14	20.43		
	51.69	17.86		
	48.01	16.59		

表 2 −7（续）

单穴秧苗株数	波形峰值/N	实际拔出力/N	平均值/N	平均单株拔出力/N
8	61.68	21.30		
	68.79	23.75		
	60.00	20.72		
		20.74	2.59	
	47.47	16.40		
	64.74	22.36		
	57.58	19.89		
9	75.13	25.94		
	70.52	24.35		
	80.87	27.92		
	73.01	25.21	24.99	2.78
	60.16	20.78		
	74.58	25.75		

为了清楚直观地分析水稻秧苗拔出力的规律,根据表 2 − 6 和表 2 − 7 的试验结果,运用 Excel 软件进行处理得到第一个除草时段和第二个除草时段水稻秧苗拔出力与单穴秧苗株数的关系如图 2 −31 和图 2 −32 所示。

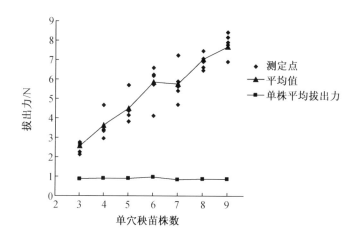

图 2 −31　第一个除草时段水稻秧苗拔出力趋势图

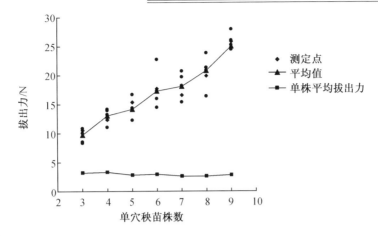

图 2 - 32　第二个除草时段水稻秧苗拔出力趋势图

由图 2 - 31 和图 2 - 32 可知:

①从每组试验的平均值来看,单穴水稻秧苗株数越多,拔出力越大。这是由于水稻秧苗株数越多,相应的根须数量就越多,进而与土壤的接触面积就越大,从而土壤对其阻力就越大。

②第一个除草时段水稻秧苗的平均拔出力最小值为单穴 3 株秧苗的 2.57 N,第二个除草时段的平均拔出力最小值为 9.70 N。此显著差异的原因在于水稻秧苗经过缓苗期后快速生长,根系迅速发展,土壤对根系的阻力增大。

③平均单株秧苗的拔出力变化不大,第一个除草时段为 0.82 ~ 0.98 N,第二个除草时段为 2.58 ~ 3.26 N。

④从测定值来看,同一组试验个别数据差别较大,这是由土壤或秧苗自身生长情况或操作过程中的人工误差等不可控因素造成的。

⑤在试验过程中,未发现水稻秧苗茎部受到损伤甚至拔断的现象,因此可确定水稻秧苗的抗拉力大于其拔出力。

本书使用的水稻秧苗是经人工插秧并在田间生长 7 天后得到的,单穴水稻秧苗株数为 3 ~ 9 不等。由上述分析可知,单穴 3 株秧苗的拔出力最小。在这种情况下,为避免作业部件损伤水稻秧苗,作业时应控制作业部件施加于水稻秧苗竖直方向的作用力小于单穴 3 株秧苗的拔出力。如果水稻采用插秧机插秧,则单穴秧苗可能不会出现 3 株或 9 株,分布相对集中。在这种情况下,除草作业部件施加于水稻秧苗竖直方向的作用力应随实际单穴秧苗株数的不同而改变。

（2）拉伸力学性能

在插秧后第 7 天、12 天、16 天、19 天时，对秧苗进行拉伸力学性能试验，试验结果如图 2-33 所示。由图可知，拉断的过程中拉力随位移变化的曲线波动比较大，但总体上体现的力学特性为：当力较小时，为线弹性变化；随着拉力的不断加大，秧苗的变形也不断加大，当拉力加大到弹性极限后，秧苗的变形进入屈服阶段。在拉伸过程中，由于秧苗的根须陆续断裂，秧苗承受的极限能力也不断下降。拉断的极限拉力随秧苗生长时间的不同而不同，但总体来讲，插秧后时间越长，秧苗根须越多，根部也越深，秧苗的拉伸极限强度就越大。在插秧后第 7 天至第 12 天的 6 天时间里，秧苗的极限拉力由 3.8 N 变为 4.2 N，增加了 0.4 N；在插秧后第 12 天至第 19 天的 8 天时间里，秧苗的极限拉力由 4.2 N 变为 14.5 N，增加了 10.3 N。

由抗拉强度公式可知，插秧后第 7 天至第 19 天的 13 天时间里，秧苗抗拉强度由 4.61 MPa 变为 10.56 MPa。

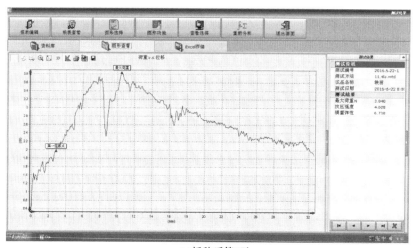

(a)插秧后第7天

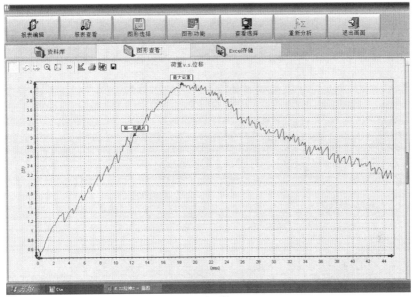

(b)插秧后第12天

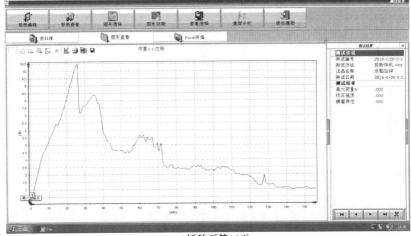

(c)插秧后第16天

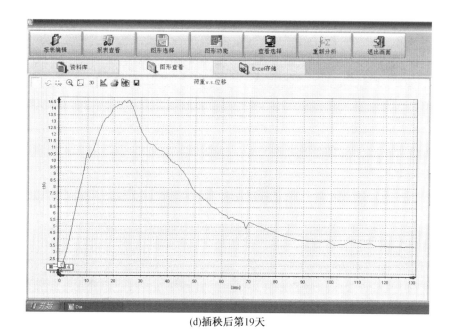

(d)插秧后第19天

图 2 – 33   插秧后不同时间水稻秧苗拉伸过程中力 – 位移曲线

（3）剪切力学性能

在插秧后第 7 天、12 天、16 天、19 天时,对秧苗进行剪切力学性能试验,试验结果如图 2 – 34 所示。由图可知,秧苗的剪切过程是将秧苗的根须逐一切断的过程,根须越多,秧苗越粗壮,抗剪切能力越强,开始时剪切力随变形的增加而增大,当剪切力达到一定的极限时,抗剪切能力弱的根须开始发生断裂,整体剪切力开始下降,当最后的根须被剪断时,整体秧苗的根部剪切结束。在插秧后第 7 天至第 12 天的 6 天时间里,秧苗极限剪切力由 5.8 N 变为 11.5 N,增加了 5.7 N;在插秧后第 12 天至第 19 天的 8 天时间里,秧苗极限剪切由 11.5 N 变为 32 N,增加了 20.5 N。可见秧苗在后期成长速度加快,根须抵抗剪切能力加强,秧苗抗剪强度由 5.21 MPa 变为 23.48 MPa。

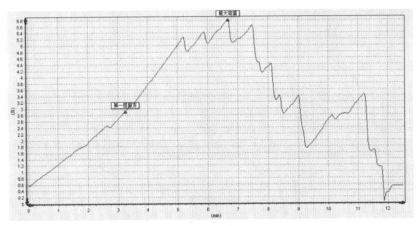

(a)插秧后第7天

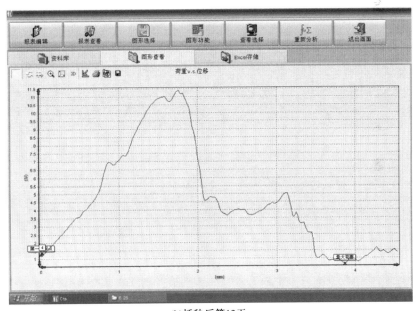

(b)插秧后第12天

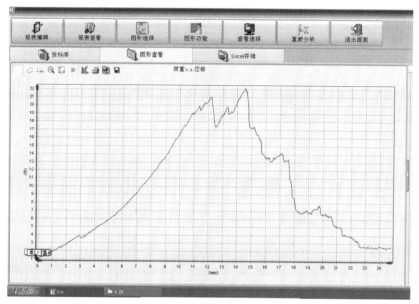

(c)插秧后第16天

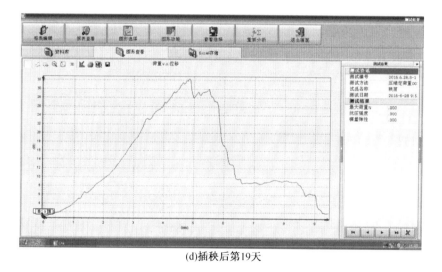

(d)插秧后第19天

图 2-34   插秧后不同时间水稻秧苗剪切下的力与位移曲线图

2.7　本 章 小 结

本章以黑龙江省常见水田植物——杂草品种稗草、水葱、燕尾草,水稻秧苗品种龙粳 26 为研究对象,利用电子数显卡尺、直尺、WDW－5 型微机控制电子材料万能试验机等仪器对影响水田植物的物理特性进行了测定,结果如下:

(1)稗草高度和茎部断面直径均随插秧后时间的增加而增大,其中稗草高度在插秧 15 天后增加幅度有所增大,在插秧后第 19 天时,稗草高度达到了 246.23 mm;茎部断面直径在插秧 10 天后增加幅度加大,在插秧后第 19 天时,茎部最大断面直径达到了 2.06 mm。

(2)稗草根深和根部断面直径均随插秧后时间的增加而增大,且增大幅度不断加大。在插秧后第 19 天时,稗草根深达到了 65.23 mm,根部最大断面直径达到了 0.95 mm。

(3)稗草拉断的过程是根部从地面拔出的过程,根部越深,拉断时间越长,需要的力越大,拉伸过程中的变形也就越大,尤其随着插秧后时间的增加,稗草根部数量增加,拉断稗草的难度加大。插秧后时间越长,稗草的极限拉力越大,在插秧后第 7 天至第 19 天的 13 天时间里,秧苗的最大极限拉力由 3.65 N 变为 12.34 N,稗草的抗拉强度由 3.31 MPa 变为 9.55 MPa,稗草的弹性模量由 1.16 MPa 变为 41.07 MPa。

(4)插秧后时间越长,根须数量越多,剪切极限强度越大,在插秧后第 7 天至第 19 天的 13 天时间里,稗草的极限剪切力由 3.237 N 变为 7.007 N,稗草抗剪强度由 4.122 MPa 变为 7.53 MPa。

(5)水葱和燕尾草在插秧后第 19 天时,根深分别达到了 41.2 mm、19.8 mm;根部最大断面直径分别达到了 0.28 mm、0.59 mm。当剪切时,水葱的整体变形量与拉伸时一致,都为 4~5 mm,但是剪切的变形主要发生在开始阶段,拉伸的变形主要发生在屈服期间,水葱所能承受的剪切极限强度大于拉伸极限强度,在第 20 天时剪切力达到了 6.5 N,小于稗草的极限强度。

(6)秧苗在插秧后第 19 天时,秧苗高度达到了 251.6 mm,茎部最大断面直径达到了 3.53 mm；秧苗根深达到了 145.23 mm，根部最大断面直径达到了 9.56 mm。

（7）秧苗在拉伸过程中先为线弹性变化，随着拉力的不断加大，秧苗的变形也不断加大，当加大到弹性极限之后，秧苗的变形进入屈服阶段，在拉伸过程中由于秧苗的根须陆续断裂，秧苗承受的极限能力不断下降。在插秧后第 7 天至第 19 天的 13 天时间里，秧苗的极限拉力由 3.8 N 变为 14.5 N，增加了 10.7 N，秧苗抗拉强度由 4.61 MPa 变为 10.56 MPa。

（8）秧苗剪切过程是将秧苗的根须逐一切断的过程，根须越多，越粗壮，抗剪切能力越强，在插秧后第 7 天至第 19 天的 13 天时间里，秧苗极限剪切力由 5.8 N 变为 32 N，增加了 26.2 N。可见秧苗到后期成长速度加快，根须抵抗剪切能力加强，秧苗抗剪强度由 5.21 MPa 变为 23.48 MPa。

第3章 有机水稻株间除草机构关键部件的设计及原理的研究

3.1 有机水稻株间除草机构及其工作原理

3.1.1 机构组成

有机水稻秧苗株间除草机构主要由弹齿盘、软轴传动弯管、链轮座、球铰联轴器、换向器、机架、悬挂系统等组成,其结构如图3-1所示。该装置共有2套株间除草部件,左右两侧对称安装,弹齿呈曲线形,可以在垂直于前进方向的平面内转动,两盘的弹齿旋向和转动方向均相反。每套株间除草部件的两根钢丝软轴之间由一根轴相连接。

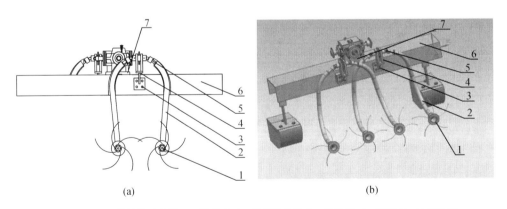

1—弹齿盘;2—软轴传动弯管;3—链轮座;4—球铰联轴器;5—换向器;6—机架;7—悬挂系统。

图3-1 有机水稻株间除草机构简图

3.1.2 工作原理

工作时,在主动链轮的带动下,球铰万向联轴器将动力传到弯管内的钢丝软轴。钢丝软轴由几层弹簧钢丝紧绕在一起,相邻钢丝层的缠绕方向相反。当软轴工作时,相邻两层钢丝中的一层趋于绕紧,另一层趋于旋松,使各层钢丝相互压紧。最后由软轴带动弹齿盘高速旋转,将土壤搅动、翻转,并连同杂草根部挑出地表,拉断后覆盖,实现从根部去除株间杂草。

3.2 弹齿盘的构成及其工作原理

3.2.1 弹齿盘的构成

弹齿盘主要由轮毂、弹齿、套筒等组成,其结构如图3-2所示。为了减少水稻秧苗损伤,提高杂草除去率,将弹齿设计成圆弧状且向后倾斜一定角度。工作时,一方面弹齿盘通过旋转使杂草在离心力的作用下沿弧线向外甩出,另一方面弹齿与水稻秧苗不完全接触,可以减少对水稻秧苗的损伤,同时还增大了除草面积,提高了杂草除去率。考虑到倾斜角太大则滑移力过大,太小则易伤苗,为了保证弹齿入土顺利,这里倾斜方向与旋转方向相同,倾斜角 β 取30°。

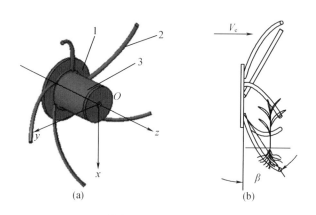

1—轮毂;2—弹齿;3—套筒。

图3-2 弹齿盘结构简图

3.2.2 弹齿盘工作原理

通过对秧苗、稗草物理特性的研究可知,水稻秧苗主要由主根和次生根组成,其中主根十分柔软,主要承受拉力,当弹齿盘工作时,秧苗主根随弹齿转动,当达到一定位置时,次生根会对主根产生拉力作用,主根下端向上弯曲,避开弹齿推力作用,弹齿划离土壤,秧苗根部保持完好。秧苗次生根是一段椭圆状的粗壮根系,力学性质类似于弹性体,受到外力时形变较小。如果秧苗次生根与弹齿接触,那么次生根会受到土壤阻力和弹齿推力的作用,随弹齿脱离土壤而伤苗。稗草由于没有进入分蘖期,只有主根受到土壤阻力与弹齿推力的作用,随弹齿转动被打出土壤,如图 3 - 3 所示。

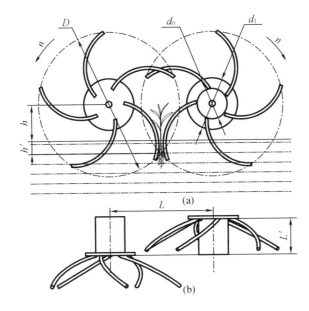

n—弹齿转速;d_0—弹齿盘轮毂内径;d_1—弹齿盘轮毂外径;L—行距;L'—弹齿除草深度;

D—弹齿旋转直径;h—弹齿距离地面高度;h'—弹齿除去秧苗、杂草的根部深度。

图 3 - 3　弹齿盘工作原理

3.3　弹齿盘工作位置的确定

距弹齿盘中心最远的点转动一周所形成的在 xOy 平面内的投影轨迹线为圆,其半径为 R,如图 3 - 4 所示。1,2,3 为三株不同位置的秧苗,秧苗 2 位于圆与除草深度线的交点处。由图可知,当秧苗位置没有到达秧苗 2 的位置时,除草深度不能达到预定除草深度;当秧苗位置超过秧苗 2 的位置时,弹齿会从杂草根部下方划过,导致漏草。因此秧苗 2 为除草作业时秧行最佳位置,由式(3 - 1)可得到弹齿盘中心与秧行的水平距离 W。

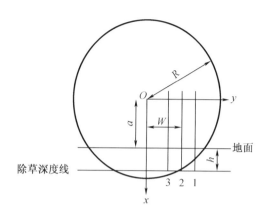

图 3-4 弹齿与水稻秧苗秧行距离示意图

$$W = \sqrt{R^2 - (a+h)^2} \qquad (3-1)$$

式中　W——弹齿盘中心与秧行的水平距离,mm;

　　　R——弹齿旋转半径,mm(根据农艺要求,秧秧行距为 300 mm,所以 R 最大值为 150 mm);

　　　a——弹齿盘中心距地面高度,mm;

　　　h——除草深度,mm(由第 2 章秧苗和稗草根深的变化规律可知,h 取 40 mm)。

弹齿与秧苗次生根接触时会伤苗。经测量,水稻秧苗移栽后第 7 天,次生根所在区域为 9~11 mm,设秧苗 2 与 y 轴相交于点 A,则线段 BC 表示秧苗 2 的次生根所在区域,如图 3-5 所示。由图可知,弹齿与秧苗根部接触点位于线段 BC 上时会伤苗,故而定义线段 BC 为株间除草作业时的危险区域。为降低伤苗率,应尽量减小 $\angle BOC$。通过几何关系可获得 $\angle BOC$ 表达式如下:

$$\tan \angle BOC = \frac{\tan \angle AOB - \tan \angle AOC}{1 + \tan \angle AOB \tan \angle AOC} \qquad (3-2)$$

式中　$\tan \angle AOB = \dfrac{a+10}{\sqrt{R^2 - (a+h)^2}}$;

　　　$\tan \angle AOC = \dfrac{a}{\sqrt{R^2 - (a+h)^2}}$。

将式(3-1)、式(3-2)联立可得出

$$\tan\angle BOC = \frac{10 \times \sqrt{R^2 - (a+h)^2}}{R^2 - (a+h)^2 + a(a+10)} \qquad (3-3)$$

由式(3-3)可知,$\angle BOC$ 的正切值随弹齿旋转半径的增大而减小,当 $0 \leqslant R \leqslant$ 150 时,为了使 $\angle BOC$ 的正切值最小,R 取 150 mm。将参数代入式(3-1)、式(3-2)可得出,$a = 84$ mm,$W = 84$ mm。

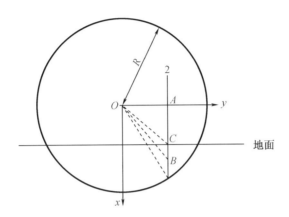

图 3-5　株间除草作业危险区域示意图

3.4　弹齿盘关键参数的设计

3.4.1　弹齿齿型的选择

1. 弹齿盘

作为弹齿式除草装置的关键部件,弹齿盘的选择尤为重要。为了了解弹齿式除草装置弹齿盘安装形式及弹齿形状与除草效果的关系,本书试制了几种不同的弹齿弹齿盘,选择在未插秧及未播撒稗草种子的土槽内进行不同弹齿盘的预备性试验研究。将影响因子设定在同一条件下,即相同的弹齿转度、前进速度及入土深度,观察各试验弹齿盘的弹齿在土壤中所划过的剖面面积大小。从除草性能角度考虑,将面积大者视为本试验研究的最适宜弹齿盘。

第一种弹齿盘,弹齿采用直线形设计,如图 3-6 所示。这种形式弹齿入土轨迹均匀,但弹齿尖端入土,为点入土方式,入土后所划过的剖面面积小,杂草除去率低,且线性力大,容易伤苗。

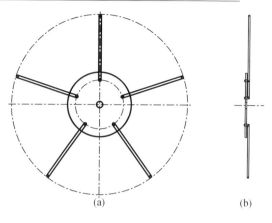

图 3 - 6　直线形弹齿

第二种弹齿盘,弹齿采用弧形设计,圆弧直径 500 mm,如图 3 - 7 所示。这种形式弹齿入土轨迹均匀,但是入土后所划过的剖面面积小,杂草除去率低,且当弹齿尖部碰到秧苗时,由于齿尖部线性力大,容易伤苗。这种弹齿盘与第一种弹齿盘类似,但在制作中由于采用弧形设计,浪费材料。

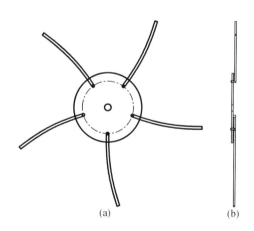

图 3 - 7　弧形弹齿 1

第三种弹齿盘,弹齿采用弧形设计,圆弧直径 500 mm,如图 3 - 8 所示。与第二种弹齿盘不同,此弹齿盘虽然在弹齿形式上一致,但安装方向不同,弧形张开向前。这种形式弹齿入土轨迹均匀,且入土后轨迹呈扇面状,轨迹面积大,可以增大除草面积。但在机器前进时,在苗的下部搂苗,容易使苗倾倒,影响秧苗的正常生长。

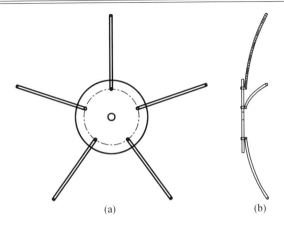

图 3 - 8　弧形弹齿 2

　　第四种弹齿盘,弹齿采用弧形设计,圆弧直径 500 mm,如图 3 - 9 所示。这种形式弹齿盘相对于第三种形式,在焊接时弹齿扭过一定角度,且稍稍前倾。弹齿在入土时,采用线入土方式。弹齿入土后轨迹呈扇面状,比第三种形式所扫过的剖面面积小,入土时间短,这样就减小了阻力,降低了功耗,且入土容易。在机器前进时,这种弹齿在苗的中上部搂苗,由于秧苗具有韧性,降低了伤苗率。弧形弹齿的曲率半径与焊接角 β 是影响工作质量的重要参数。曲率半径小,则压草能力强;曲率半径大,则入土容易,对泥土的搅拌作用强。β 值大,滑移力增大;反之,滑移力减小。

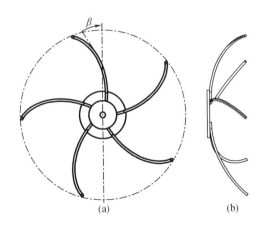

图 3 - 9　弧形弹齿 3

　　经过多次试验,最终确定选用第三种和第四种弹齿盘作为试制的样机用刀。

弹齿盘轮毂用 Q235 钢板切制而成,弹齿用弹簧钢。本书研究的弹齿盘的入土角在
40°左右。这个角度可以保证弹齿入土顺利。

（1）弹齿旋转直径的确定

弹齿旋转直径是指执行机构在作业过程中旋转的最大直径。如图 3 - 10 所
示,弹齿旋转直径 D 可按式(3 - 4)计算。

$$D \geqslant 2(H_{min} + h_{max}) \qquad (3 - 4)$$

式中　H_{min}——弹齿盘离地间隙,mm,$H_{min} = 80 \sim 100$ mm;

　　　h_{max}——根据要求设定的最大耕深,mm,$H_{max} = 15 \sim 30$ mm。

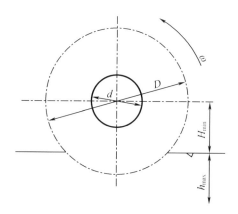

图 3 - 10　弹齿旋转直径的确定

当 H_{min} 取 100 mm、h_{max} 取最大耕深 30 mm 时,由式(3 - 4),可得 $D \geqslant 260$ mm。旋转
直径过大时,转速增加,势必会产生振动,平稳性差;旋转直径过小时,弹齿顶端的切向
速度小,影响入土速度及切向力的大小。在本除草装置中,取 $D = 280$ mm。

（2）轮毂直径的确定

为保证部件在工作时不缠苗,轮毂的周长要大于苗与草高度,且弹齿盘轮毂中
心距离地面应有一定高度。根据试验时的秧苗高度,选取轮毂直径 $d = 100$ mm。

（3）轮毂厚度的确定

轮毂的厚度是指该除草装置弹齿盘轮毂的厚度。厚度太大,浪费材料,同时机体
笨重;厚度太小,在焊接弹齿时,容易发生变形,影响作业。本设计厚度 $L = 4$ mm。

（4）弹齿盘离地间隙 H_{min}

弹齿盘离地间隙是指地面与弹齿盘中心之间的距离,它决定了除草装置的作
业深度。间隙太大,则作业深度小,杂草除去率低;间隙太小,则作业深度大,杂草
除去率高,但是伤苗率大。本设计中,$H_{min} = 85 \sim 100$ mm。

（5）弹齿数量 N 的确定

为了使弹齿盘工作时不缠苗,应尽量减小弹齿密度,故 z 值越小越好。但弹齿密度减小后,在弹齿盘旋转一周时,工作齿数也减少了,这样杂草除去率也会降低。经预备试验,弹齿数量为 3～6 时,可以保证不缠草、不缠苗,且能达到良好的除草效果。因此,本书选择弹齿数量 N 为 5 个。

（6）入土角与出土角的研究

入土角是指弹齿即将入土时,弹齿与地面之间的夹角。出土角是指弹齿即将出土时,弹齿与地面之间的夹角。入土角的设计应保证弹齿在入土时土壤阻力较小,并且在弹齿运动到最低位置过程中,使其可以达到一个较大的深度。本书的入土角是在确定了弹齿盘中心与秧苗的距离以及确定了作业深度后,通过作图得出。同时,可以通过调节弹齿盘的离地间隙,调整入土角和出土角。图 3－11 所示为入土角和出土角关系图。

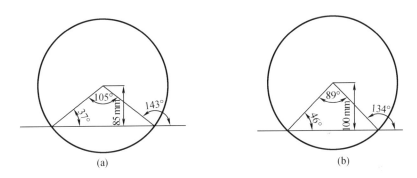

图 3－11　入土角和出土角关系图

图 3－11(a)所示为弹齿盘离地间隙 85 mm 时的入土角和出土角示意图。图 3－11(b)所示为弹齿盘离地间隙 100 mm 时的入土角和出土角示意图。

设入土角为 γ,出土角为 α,弹齿从入土到出土摆动的角度为 θ。由分析可知, $\alpha = \gamma + \theta$,当弹齿盘半径和离地间隙确定后, θ 角便为定值,并随离地间隙的增大而减小。本试验中,入土角为 37°～46°,出土角为 134°～143°。有关资料表明,当出土角超过 100°时,会影响脱泥、脱草性能。本设计的出土角大于 100°,但是在试验中,由于土槽中灌水,在弹齿将出土时,土槽水对弹齿的冲刷作用减弱了这种影响。试验证明,在无水的情况下,脱泥、脱草现象严重;在有水的情况下,脱泥、脱水现象能够得到较大的缓解。

2. 传动装置

机器的传动装置种类多样,主要有齿轮传动、链传动及带传动等。齿轮传动的瞬时传动比恒定,传动比范围大,传动效率高,结构紧凑,但只适用于近距离传动,成本较高。链传动结构简单,轴间距大,能在恶劣环境下工作,工作可靠,但瞬时速度不均匀,传动不稳定,易产生振动。带传动结构简单,轴间距大,传动平稳,但外廓尺寸大,易摩擦起电,寿命短。

在确保秧苗不受损伤及保证中耕除草质量的前提下,简化装置结构,为最大限度地减小质量,提高工作效率,且能满足动力机构与执行机构不在同一直线的特点,本设计的传动装置采用钢丝软轴。它能很好地适应水田工作环境,具有较强的抗腐防锈性能,且布置灵活,可塑性强,机构简单,占用空间小,运转平稳。钢丝软轴装置包括软轴、软管、软轴接头和软管接头。图3-12所示为软轴结构示意图。

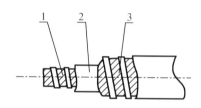

1—轴芯;2—内护管;3—外护套。

图3-12　软轴结构示意图

钢丝软轴由几层弹簧钢丝紧绕在一起,每层又用若干根钢丝卷绕而成,相邻钢丝层的缠绕方向相反。外层钢丝比内层的粗一些。当传递转矩时,相邻两层钢丝中的一层趋于绕紧,另一层趋于旋松,使各层钢丝相互压紧。轴的旋转方向应使表层钢丝趋于绕紧。有的钢丝软轴具有芯棒,扭转刚度较大。

钢丝软轴主要用于两个传动机件的轴线不在同一直线上,或工作时彼此要求有相对运动的空间传动,也适合于受连续振动的场合以缓和冲击。软轴安装简便、结构紧凑、工作适应性较强,适用于高转速、小转矩场合。其作用是传递扭矩,最大的优点是可以改变轴端之间的距离及轴端力偶矢的方向,给需要扭矩且处于运动状态的部件带来极大的便利。将钢丝软轴应用于水田除草机上,可以使除草机的机构更加紧凑,传递效率更高,大大降低了生产成本。本装置采用钢丝软轴的主要技术参数见表3-1。

钢丝软轴需要用软轴接头与动力机构及执行机构相连,以传递动力机构输出的动力。其连接方式分为固定式和滑动式两种。固定式多用于软轴较短或工作中弯曲半径变化不大的场合。滑动式适合软轴较长的情况。软轴接头与轴端的连接方式有焊接、镦压和滚压三种,为便于软轴拆卸检查和润滑,应使软轴接头一端的外径小于软管和软管接头的内直径。本装置采用的软轴接头为固定式,与轴端焊接在一起。图 3 – 13 所示为该装置的软轴接头结构示意图。图 3 – 14 所示为该装置的软轴连接示意图。

表 3 – 1　钢丝软轴的主要技术参数

直径 /mm	理论质量 /(kg·m⁻¹)	最大转矩 /(N·m)	最小弯曲半径 /mm	最大轴向拉力 /N	额定转速 /(r·min⁻¹)	最高转速 /(r·min⁻¹)
13	0.85	61	230	3 000	1 750	6 000

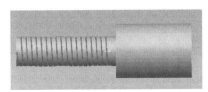
(a)软轴接头1

(b)软轴接头2

图 3 – 13　软轴接头结构示意图

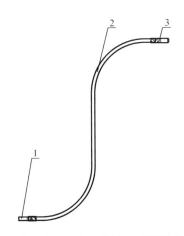

1—软轴接头 1;2—钢丝软轴;3—软轴接头 2。

图 3 – 14　软轴连接示意图

软轴接头 1 用于连接执行机构弹齿盘;软轴接头 2 用于连接联轴器,输出动力。

软轴外包有软管,其作用是保护钢丝软轴,避免与外界机件接触,并保存润滑剂和防止尘垢侵入,工作时软管还起支撑作用,使软轴便于操作。本试验所使用软管的尺寸规格:内径20 mm,外径25 mm,最小弯曲半径270 mm。

3.动力装置和调速装置

本试验使用三相异步电机作为动力输出装置,选用的型号为Y90S – 4。其额定功率为1.1 kW,额定转速为1 400 r/min,最大转矩为2.3 N·m。电机转速的调节采用变频器控制。

3.4.2　弹齿材料的选择

弹齿材料的选择尽量考虑生活中的常见材料。本试验选用了三种弹齿材料,并分别对各种材料在除草作业过程中的性能做了比较。

第一种材料为镀锌铝合金。这种材料柔软,易弯折,质量小,最为常见的是自行车辐条。在弹齿盘进行旋转工作时,重力多集中于弹齿盘轮毂处,所以在齿尖处力量小,可以降低伤苗率。但此种材料在土壤中遇到泥土阻力时,容易发生变形,所以排除。

第二种材料为Q235钢。这种材料为碳素结构钢,价格低,用途广泛,适用于一般结构钢和工程用热轧钢板、钢带、型钢。但其杂质多,并且在弹齿盘旋转工作时,与轮毂焊接处易断裂。

第三种材料为弹簧钢。弹簧钢综合性能良好,具有较高的抗拉强度、屈强比和疲劳强度,且具有足够的塑性和韧性;同时弹簧钢较硬,在碰到硬质物体时不易变形,多用于制造弹簧零件。

经过几次试验研究及综合考虑,弹齿材料选择弹簧钢。

3.4.3　弹齿的中心曲线设计

由式(3 – 3)可知,$\angle BOC$ 与弹齿旋转半径成反比,因为在除草过程中,弹齿与秧苗的接触直接涉及伤苗率的问题,为了减小接触空间,弹齿旋转半径应尽量增大,因此中心曲线采用圆弧形设计,如图3 – 15所示。由图可知,曲线弧度随弹齿旋转半径的增大而增大,但是曲线弧度太大,在除草过程中会使弹齿的中部先于端部接触秧苗,既降低了除草深度,又提高了伤苗率,因此弹齿的中心曲线在 xOy 面的投影设计过程中,要保证弹齿端部和秧苗根部相接触,可获得弹齿旋转半径公式如下:

$$R = \frac{r^2}{2\sqrt{r^2 - (H_{max} + h_{min})^2}} \quad\quad (3 – 5)$$

式中　R——弹齿旋转半径,mm;

　　　　r——弹齿几何半径,min。

将 r、H_{max}、h_{min} 代入式(3–5)得出 $R = 133$ mm,利用解析几何法求出弹齿在 xOy 平面的中心曲线为

$$(x - 75)^2 + (y + 110)^2 = 133^2 \qquad (3-6)$$

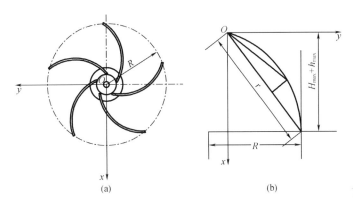

(a)　　　　　　　　　　　(b)

图 3–15　弹齿在 xOy 面上的投影图

弹齿的中心曲线在 xOz 面的投影如图 3–16 所示。在弹齿能够进入土壤的部分中任选一点 i,设此点的旋转半径为 r_i,设初始位置为弹齿垂直向下,点 i 的初始坐标 $(x,y,z) = (r_i,0,0)$。可得出点 i 在 z 轴方向上的速度

$$V_z = V_e \qquad (3-7)$$

式中　V_e——除草机前进速度,m/s。

$$V_y = \omega r_i \cos \omega t \qquad (3-8)$$

式中　V_y——点 i 在 y 轴方向上的速度,m/s;

　　　ω——弹齿角速度,rad/s;

　　　t——时间,s。

$$V_i = \sqrt{(\omega r_i \cdot \cos \omega t)^2 + V_e^2} \qquad (3-9)$$

式中　V_i——点 i 在平面 yOz 上的速度,m/s。

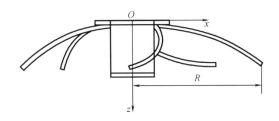

图 3–16　弹齿在 xOz 面上的投影图

弹齿中心曲线在 yOz 面的投影如图 3 – 17 所示。点 i 的运动轨迹在 yOz 面上的投影面积的微分方程如下：

$$\mathrm{d}M_i = \frac{V_z}{V_i} P \mathrm{d}L \tag{3 – 10}$$

式中 M_i——点 i 的运动轨迹在 yOz 面上的投影面积，m^2；

　　　　P——弹齿圆形轮廓直径，m；

　　　　L——点 i 在平面 yOz 上的位移，m。

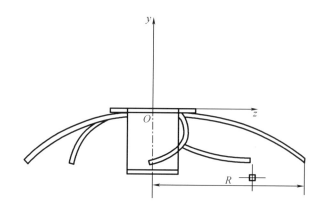

图 3 – 17   弹齿中心曲线在 yOz 面上的投影图

取点 i 从初始位置至离开地面所经过的时间 t 作为研究对象，则时间 t 可表示为

$$t = \frac{60 \arccos \dfrac{a}{r_i}}{2\pi n} \tag{3 – 11}$$

式中 n——弹齿转速，$\mathrm{r/min}$。

将 $\mathrm{d}L = V_i \mathrm{d}t$ 代入式（3 – 9）可得

$$M_i = P \int_0^{\frac{60 \arccos \frac{a}{r_i}}{2\pi n}} V_z \mathrm{d}t \tag{3 – 12}$$

由式（3 – 12）可得出 $\dfrac{\partial M_i}{\partial r_i} \geq 0$，因此弹齿除草有效部分整体旋转半径越大，弹齿的除草面积越大，弹齿在 xOz 面上的中心曲线采取抛物线设计。

由式（3 – 12）可得出弹齿旋转一周，在 z 轴上前进的距离 T 与弹齿数量的关系：

$$T = \frac{\dfrac{2\pi}{N}}{\dfrac{2\pi n}{60}} \times \frac{V_e}{1\,000} = \frac{3V_e}{50nN} \qquad (3-13)$$

式中　T——弹齿旋转一周,在 z 轴上前进的距离,mm;

　　　　V_e——除草机前进速度,m/s,本设计取 0.43 m/s;

　　　　N——弹齿数量。

根据以往的研究结果,取 T 为 20 mm、n 为 240 r/min,得出弹齿数量 N 应为 5 个,进而得出弹齿在 xOz 面上的中心曲线函数解析式和两个曲面交线的函数解析式为弹齿中心曲线在空间笛卡儿直角坐标系的函数解析式,如式(3－14)、式(3－15)。

$$x = -\frac{25}{324}(z-36)^2 + 150 \qquad (3-14)$$

$$\left[x + \frac{25}{324}(z-36)^2 - 150 \right]^2 + \left[(x-75)^2 + (y+110)^2 - 133^2 \right]^2 = 0 \qquad (3-15)$$

3.4.4　弹齿盘轮廓及轮毂设计

水田植物根系近似为圆柱体,如果弹齿轮廓设计为圆形,那么根部受力为集中力;如果弹齿轮廓设计为矩形,弹齿与根部接触为一条线上的分布力。线接触较点接触易于除草,但容易伤苗。故弹齿设计为圆形,为避免除草作业时发生缠草现象,轮毂直径选取 100 mm。

3.4.5　弹齿盘上弹齿安装角度的确定

当最佳速度确定后,弹齿轨迹的形状就随之确定下来。弹齿是与秧苗和杂草直接接触的工作部件,弹齿的形状和安装角度关系到株间除草效果。设弹齿所在平面为 H,弹齿安装角度 θ 为弹齿在圆盘上安装点与圆盘中心点的连线与面 H 所形成的夹角,如图 3－18 所示,并假设图中所示为正。

通过上述分析可知,株间弹齿盘工作时,其弹齿形成余摆线扣环部分的最宽处的连线为秧行所在位置。在弹齿旋转的一个周期内,与秧行接触两次,对称的位置速度大小相同、方向相反,由图 3－18 也可以得出相同的结论。图 3－19 所示为弹齿划过秧行时的速度分析图,图中 V_a 是弹齿划过秧行时的绝对速度,V_r 是弹齿相对速度,V_e 是除草机牵连速度(前进速度)。图 3－19(a)中圆盘内的直线通过圆心,表示安装角度为 0°,在此情况下,弹齿在一个周期内与秧行两次接触过程中,面 H 与秧行间形成的夹角 $\theta_1 = \theta_2$,那么由图 3－19(b)可知,当安装角为 α 时,左图中

面 H 与秧行的夹角为 $(\theta_1 + \alpha)$，右图中面 H 与秧行的夹角为 $(\theta_2 - \alpha)$。

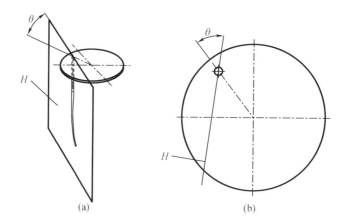

图 3-18   弹齿安装角度

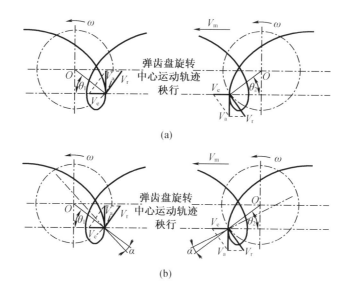

图 3-19   弹齿划过秧行速度分析图

综上所述，在弹齿旋转的一个周期内，当安装角度 $\theta \neq 0°$ 时，面 H 与秧行的夹角不相同，弹齿在泥土中扫过的面积就不相同，那么杂草除去率就不相同。每个周期内作业效果的稳定、可靠是整个作业过程的保证。为了保证每个周期内杂草除去率的稳定，需要弹齿的安装角 $\theta = 0°$。

3.5　弹齿端部运动与仿真分析

3.5.1　弹齿端部运动分析

根据除草机理,获得弹齿端部的速度如图 3 – 20 所示,根据点的合成运动,得出速度关系式为

$$\begin{cases} V_e = V_a \cos\theta \\ V_r = V_a \sin\theta \end{cases}$$

其中

$$V_a = \sqrt{V_e^2 + (\omega R)^2}$$

$$V_r = \omega R$$

$$\tan\theta = \frac{V_e}{\omega R} \qquad\qquad (3-16)$$

式中　V_a——弹齿端部实际运动速度,m/s;

　　　　V_e——除草机前进速度,m/s;

　　　　V_r——弹齿端部相对运动速度,m/s;

　　　　ω——弹齿角速度,rad/s;

　　　　R——弹齿旋转半径,m;

　　　　θ——弹齿安装角,rad。

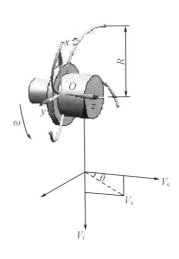

图 3 – 20　弹齿端部速度示意图

由式(3-16)可知,弹齿实际运动速度与除草机前进速度、弹齿角速度、弹齿旋转半径有关,均成正比;弹齿盘运动角速度与除草机前进速度成正比,与弹齿角速度、弹齿旋转半径成反比。

根据图3-20所示弹齿运动方向坐标的设定,弹齿端点的运动方程可表示为

$$\begin{cases} x = R\sin \omega t \\ y = R\cos \omega t \\ z = V_e t \end{cases} \quad\quad (3-17)$$

从运动方程的表达式可知,弹齿运动方程与弹齿角速度有关,弹齿角速度影响弹齿运动变化的波动幅度。

3.5.2 弹齿端部仿真分析

1. 仿真条件

R 为 110 mm,ω 为 30.35 rad/s,V_e 为 0.34 m/s,t 为 0~10 s,步数为 0.5 s。

2. 仿真结果

弹齿端部在 x、y 方向的运动方程如图3-21、图3-22 所示。由图可知,运动方程在 x、y 方向上下波动,呈周期性变化,波动变化在半径为 110 mm 的圆范围进行,但随着时间的推移,除草时间不同,运动周期的波峰也不同。

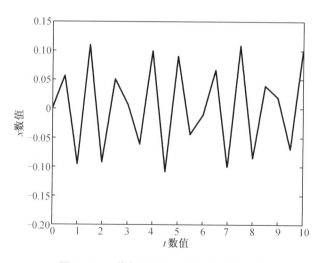

图 3-21 弹齿端部在 x 方向的运动方程

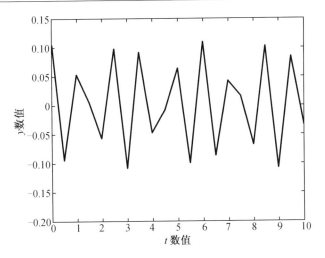

图 3 - 22　弹齿端部在 y 方向的运动方程

3.5.3　弹齿端部运动轨迹分析

通过 x、y、z 方向的运动方程可知,弹齿端部在 xOy 面上的轨迹是半径为 R 的圆,z 方向为直线。以上说明弹齿在田间除草过程中与水田土壤接触形成的轨迹为螺旋上升的曲线,如图 3 - 23 所示。

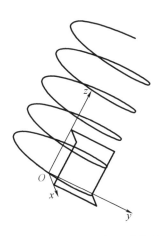

图 3 - 23　弹齿端部运动轨迹

3.6   弹齿端部的加速度分析

3.6.1   理论分析

根据除草机理获得弹齿端部的加速度如图 3 - 24 所示。根据点的合成运动,得出加速度在坐标轴上的投影表达式为

$$
\begin{cases}
a_a^y = a_r^n = \dfrac{\omega^2 D}{2} \\[2mm]
a_a^x = \dfrac{\alpha D}{2} \\[2mm]
a_a^z = a_e - a_r^t
\end{cases}
\tag{3-18}
$$

式中 α——弹齿角加速度,$\mathrm{rad/s^2}$;

$\quad\quad a_e$——除草机前进加速度,$\mathrm{m/s^2}$;

$\quad\quad a_a^x$—— 弹齿端 x 轴方向绝对加速度,$\mathrm{m/s^2}$;

$\quad\quad a_a^y$—— 弹齿端 y 轴方向绝对加速度,$\mathrm{m/s^2}$;

$\quad\quad a_a^z$——弹齿端 z 轴方向绝对加速度,$\mathrm{m/s^2}$;

$\quad\quad D$——弹齿旋转直径,mm;

$\quad\quad a_r^n$——弹齿端相对法线方向加速度,$\mathrm{m/s^2}$;

$\quad\quad a_r^t$——弹齿端相对切线方向加速度,$\mathrm{m/s^2}$。

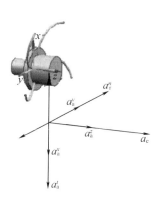

图 3 - 24   弹齿端部的加速度示意图

3.6.2　仿真分析

1. 仿真条件

（1）ω 为 30.35 rad/s，R 为 80~150 mm，步数为 5 mm；

（2）R 为 110 mm，w 为 20.9~41.8 rad/s，步数为 3 rad/s。

2. 仿真结果

弹齿旋转半径和角速度对 y 方向运动加速度的影响分别如图 3-25、图 3-26 所示。由图可知，y 方向的运动加速度随弹齿旋转半径的增大呈线性增大，随弹齿角速度的增加呈上凸形曲线变化，弹齿角速度对 y 方向运动加速度的影响程度大于弹齿旋转半径对其的影响程度。

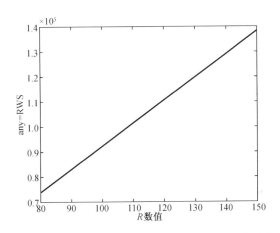

图 3-25　弹齿旋转半径对 y 方向运动加速度的影响

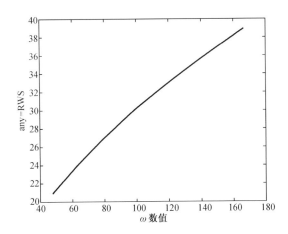

图 3-26　弹齿角速度对 y 方向运动加速度的影响

3.7　水田植物的受力情况分析

3.7.1　理论分析

根据动量定理,获得了弹齿盘在除草过程中施加在水稻秧苗、稗草、土壤上的力:

$$
\begin{cases}
F_x = \dfrac{\pi d^2 l \rho \alpha D}{4} \\[2mm]
F_y = \dfrac{\pi d^2 l \rho \omega^2 R}{4} \\[2mm]
F_z = m a_e
\end{cases}
\tag{3-19}
$$

式中　m——弹齿盘质量,kg;

　　　d——水稻秧苗、稗草直径,mm;

　　　l——水稻秧苗、稗草长度,mm;

　　　ρ——水稻秧苗、稗草密度,kg/m^3。

3.7.2　仿真分析

1. 弹齿角速度对受力的影响

(1)仿真条件

弹齿匀速转动,除草机匀速前进,密度 ρ 为 7.85×10^3 kg/m^3,弹齿旋转半径 R 为110 mm,弹齿断面直径为 5 mm,弹齿长度为 120 mm,弹齿角速度为 20.9 ~ 41.8 rad/s,步数为 1 rad/s。

(2)仿真结果

在上述条件下,利用 MATLAB 对受力进行仿真,获得弹齿角速度对受力的影响曲线,如图 3-27 所示。由图可知,随着弹齿角速度的增大,水田植物受到的力也增大,弹齿角速度对水田植物受力的影响曲线为下凸形曲线。当弹齿角速度为 20.9 rad/s 时,水田植物受力大小为 3.73 kN;当弹齿角速度增加到 40.1 rad/s 时,水田植物受力大小达到了 14.29 kN,增加幅度较大,可见弹齿角速度对水田植物的受力影响很大。

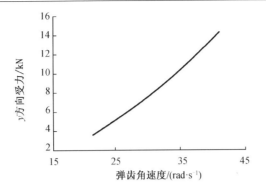

图 3 - 27　弹齿角速度对受力的影响

2. 弹齿旋转半径对受力的影响

（1）仿真条件

弹齿匀速转动，除草机匀速前进，密度 ρ 为 7.85×10^3 kg/m^3，弹齿角速度为 30.35 rad/s，弹齿断面直径为 5 mm，弹齿长度为 120 mm，弹齿旋转半径 R 为 90～130 mm，步数为 2 mm。

（2）仿真结果

在上述条件下，利用 MATLAB 对受力进行仿真，获得弹齿旋转半径对受力的影响曲线，如图 3 - 28 所示。由图可知，随着弹齿旋转半径的增大，水田植物受到的力也增大，弹齿旋转半径对水田植物受力的影响曲线为线性递增。当弹齿旋转半径为 90 mm 时，水田植物受力大小为 7.79 N；当弹齿旋转半径增加到 130 mm 时，水田植物受力大小达到了 11.25 N，增加幅度小于弹齿角速度对水田植物受力的影响，可见弹齿旋转半径对水田植物的受力有一定的影响，影响程度小于弹齿角速度对其的影响程度。

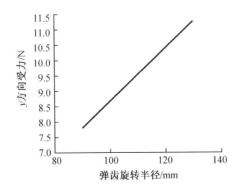

图 3 - 28　弹齿旋转半径对受力的影响

3. 弹齿断面直径对受力的影响

（1）仿真条件

弹齿匀速转动，除草机匀速前进，密度 ρ 为 7.85×10^3 kg/m³，弹齿角速度为 30.35 rad/s，弹齿旋转半径 R 为 110 mm，弹齿长度为 120 mm，弹齿断面直径为 2 ~ 6 mm，步数为 0.05 mm。

（2）仿真结果

在上述条件下，利用 MATLAB 对受力进行仿真，获得弹齿断面直径对受力的影响曲线，如图 3 - 29 所示。由图可知，随着弹齿断面直径的增大，水田植物受到的力也增大，弹齿断面直径对水田植物受力的影响曲线为下凸形曲线，当弹齿断面直径为 2 mm 时，水田植物受力大小为 1.46 N；当弹齿断面直径增加到 6 mm 时，水田植物受力大小达到了 13.1 N，增加幅度较大，可见断面直径对水田植物受力影响很大。

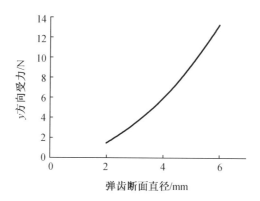

图 3 - 29   弹齿断面直径对受力的影响

3.7.3   秧苗水平伤秧力测定

1. 试验装置

秧苗水平伤秧力的测定在东北农业大学农机实验室土槽内进行。该试验装置由试验台架、支撑架、作业部件、集流环、行走轮、调速电机，以及控制试验台架行走的调速电机和控制作业部件转动的转动电机组成，其二维图和三维图分别如图 3 - 30 和图 3 - 31 所示。

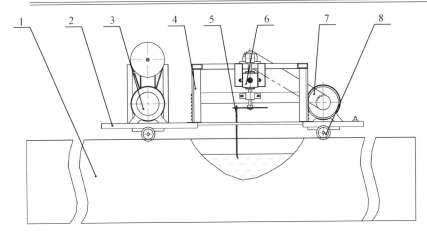

1—土槽试验台;2—试验台架;3—调速电机;4—支撑架;

5—作业部件;6—集流环;7—转动电机;8—行走轮。

图 3 – 30　测试系统机械装置组成二维图

图 3 – 31　测试系统机械装置三维图

2. 试验方法

水稻秧苗品种为龙粳 26,插秧后第 7 天,秧苗株间距为 120 mm,泥浆层深度为 40 mm,泥土层深度为 165 ~ 170 mm,秧苗高度为 215 ~ 235 mm,操作人员操作技术熟练,机器运行稳定。试验前 5 天往土槽实验室里注入一定量的水,使其达到水稻秧苗生长的环境要求,然后将需要测定的秧苗移至土槽实验室,待秧苗扎根稳定后开始试验。试验时,测试系统与电脑相连,电脑中有相关软件能够实时地显示、记录实际试验过程中弹齿微应变,试验台架行驶速度设定为 0. 45 m/s 且匀速前进,最后根据试验结果进行统计分析。

3. 试验结果

（1）单穴水稻秧苗株数对水平伤秧力的影响

试验装置中弹齿断面直径、弹齿转速、弹齿旋转半径均可调。根据以往研究结果，在弹齿断面直径为 5 mm、弹齿转速为 290 r/min、弹齿旋转半径为110 mm 的条件下，获得的单穴水稻秧苗不同株数条件下的水平伤秧力及其影响规律，见表 3-2。

表 3-2　单穴水稻秧苗不同株数条件下的水平伤秧力

单穴水稻秧苗株数	水平伤秧力/N		
	1	2	3
5	12.61	12.59	12.65
6	14.04	14.12	13.96
7	14.99	15.03	14.91

应用 Design Expert 软件获得试验数据的方差分析结果见表 3-3。

表 3-3　单穴水稻秧苗不同株数对水平伤秧力影响的方差分析表

来源	平方和	自由度	均方和	F	$P > F$
因子 A	8.35	1	8.35	2 264.75	<0.000 1
因子 A^2	0.12	1	0.12	32.10	0.001 3
误差	0.022	6	3.689×10^{-3}		
总	8.49	8			

由方差分析表可知，单穴水稻秧苗株数对水平伤秧力有极显著影响。通过二次回归方法获得水平伤秧力与单穴水稻秧苗株数关系表达式为

$$y_1 = 14.04 + 1.18x_1 - 0.24x_1^2 \tag{3-20}$$

应用 Design Expert 软件获得单穴水稻秧苗株数对水平伤秧力的影响曲线如图 3-33 所示。

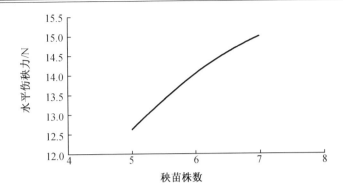

图 3 - 33　单穴水稻秧苗株数对水平伤秧力的影响

由图可知,水田植物的水平伤秧力随秧苗株数的增加而增加,变化趋势呈上凸形曲线变化。当秧苗株数为 5 时,水平伤秧力为 12.5 N;当秧苗株数为 7 时,水平伤秧力为 15 N。秧苗株数对水平伤秧力的影响较大。

(2)弹齿旋转半径对水平伤秧力的影响

试验装置中弹齿断面直径、弹齿转速、弹齿旋转半径均可调。根据以往研究结果,在调整弹齿断面直径为 5 mm,弹齿为 290 r/min,弹齿旋转半径分别为 110 mm、120 mm、130 mm 的条件下,获得不同弹齿旋转半径下水平伤秧力的试验结果,见表 3 -4。

表 3 - 4　不同弹齿旋转半径下水平伤秧力的试验结果

弹齿旋转半径/mm	水平伤秧力/N		
	1	2	3
110	12.22	12.31	12.13
120	13.97	13.93	14.18
130	15.93	16.02	15.95

应用 Design Expert 软件获得试验数据的方差分析结果见表 3 -5。

表 3 -5　不同弹齿旋转半径对水平伤秧力影响的方差分析表

来源	平方和	自由度	均方和	F	$P > F$
因子 B	21.06	1	21.06	2 226.87	< 0.000 1
因子 B^2	8.889×10^{-3}	1	8.889×10^{-3}	0.94	0.369 7

表 3 - 5（续）

来源	平方和	自由度	均方和	F	$P > F$
误差	0.057	6	9.456×10^{-3}		
总	21.12	8			

由方差分析表可知，当显著性水平 $\alpha = 0.05$ 时，弹齿旋转半径对水平伤秧力有极显著影响。通过一次回归方法获得水平伤秧力和弹齿旋转半径关系方程为

$$y_1 = 14.03 + 1.87x_2 \qquad (3-21)$$

运用软件获得弹齿旋转半径对水平伤秧力的影响曲线，如图 3 - 34 所示。

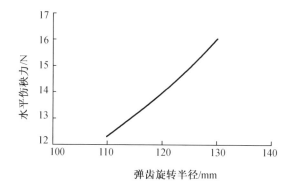

图 3 - 34　弹齿旋转半径对水平伤秧力的影响

由图可知，水田植物的水平伤秧力随弹齿旋转半径的增大而增加，变化趋势呈下凸形曲线变化。当弹齿旋转半径为 110 mm 时，水平伤秧力为 12.3 N；当弹齿旋转半径为 130 mm 时，水平伤秧力为 16.2 N。弹齿旋转半径对水平伤秧力的影响较大。

（3）除草深度对水平伤秧力的影响

试验装置中弹齿断面直径、弹齿转速、弹齿旋转半径均可调。根据以往研究结果，在弹齿断面直径为 5 mm，弹齿转速为 290 r/min，弹齿旋转半径为 110 mm，除草深度分别为 10 mm、20 mm、30 mm 的条件下，获得除草深度不同条件下的水平伤秧力，见表 3 - 6。

表 3 - 6　除草深度不同条件下的水平伤秧力

除草深度/mm	水平伤秧力/N		
	1	2	3
10	11.93	11.88	12.01
20	14.11	14.05	14.18
30	17.03	17.02	16.98

应用 Design Expert 软件获得试验数据的方差分析结果如表 3 - 7 所示。

表 3 - 7　除草深度对水平伤秧力影响的方差分析表

来源	平方和	自由度	均方和	F	$P > F$
因子 C	39.89	1	39.89	2 588.19	< 0.000 1
因子 C^2	0.28	1	0.28	17.93	0.005 5
误差	0.092	6	0.015		
总	40.26	8			

由方差分析表可知,当显著性水平 $\alpha = 0.05$ 时,除草深度对水平伤秧力有极显著影响。通过二次回归方法获得水平伤秧力和除草深度之间关系方程为

$$y_1 = 14.06 + 2.58x_3 + 0.37x_3^2 \tag{3-22}$$

运用软件绘制出除草深度对水平伤秧力的影响曲线,如图 3 - 35 所示。

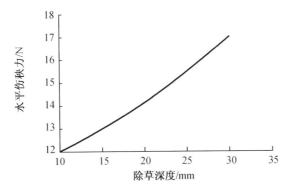

图 3 - 35　除草深度对水平伤秧力的影响

由图可知,水田植物的水平伤秧力随除草深度的增加而增加,变化趋势呈下凸

形曲线变化。当除草深度为 10 mm 时,水平伤秧力为 12 N;当除草深度为 30 mm 时,水平伤秧力为 17.2 N。除草深度对水平伤秧力的影响较大。

3.8　水稻秧苗、稗草的强度分析

3.8.1　水稻秧苗受力分析

水稻秧苗被斜向上拔离土壤时,受到作业部件对其根部的作用力 F。为方便分析,将外力 F 分解为与其等效的竖直方向力 $F_\perp$ 和水平方向力 $F_{/\!/}$,这里称分力 $F_\perp$ 和 $F_{/\!/}$ 分别为竖直方向的拔秧力和水平方向上的碰触力。水稻秧苗的受力模型如图 3 – 36。为清楚地了解水稻秧苗在受到外力过程中的状态,分别对竖直方向的拔出力和水平方向的碰触力进行详细分析。

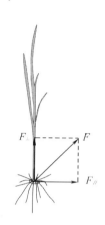

图 3 – 36　水稻秧苗的受力模型图

1.竖直方向的拔出力分析

生长过程中,水稻秧苗和稗草根系与土壤接触,当水稻秧苗或稗草有被拔离土壤的趋势时,接触面上受到水的吸附力、有机无机胶体的黏结力和胶结力、根系与土壤表面滑动产生的摩擦力以及根系表面经受土壤运动产生的剪切力等。这些力错综复杂,研究起来极其困难,因此本书根据实际需要将这些力统归为土壤对水稻秧苗的阻力 F_d 和土壤对稗草的阻力 F_b。

以水稻秧苗拔秧过程为例分析。如图 3 – 37 所示,当施加的外力为 F_1 时,水稻秧苗与土壤仍然保持相对静止,此时一定有 F_{d1} 与外力 F_1 平衡,由于水稻秧苗与土壤之间只有相对运动的趋势,而没有相对运动,所以此时水稻秧苗与土壤之间的阻力称为静阻力。静阻力随着外力的增大而增大,但其增大有一个限度。当施加的外力逐渐增至 F_2 时,水稻秧苗刚刚开始运动,此时与之大小相等、方向相反的土壤对水稻秧苗的阻力称为最大静阻力 F_{dmax}。显然,当外力 F_3 大于 F_{dmax} 时,水稻秧苗将被加速拔离土壤。

因此,水稻秧苗不被外力拔离土壤的条件为

$$F < F_{dmax}$$

(3 – 23)

同理,将稗草拔离土壤的外力条件为

$$F \geqslant F_{\text{bmax}} \tag{3-24}$$

综合式(3-23)和式(3-24)，能够将稗草拔离土壤而又不损伤水稻秧苗的力学条件为

$$F_{\text{bmax}} \leqslant F < F_{\text{dmax}} \tag{3-25}$$

2. 水平方向的碰触力(水平伤秧力)分析

图 3-38 为水稻秧苗水平方向受力分析图。F 为作业部件作用于水稻秧苗根部的水平方向力，$f_1, f_2, \cdots, f_N$ 为水稻秧苗根部竖直方向各单位长度上受到土壤作用于其的阻力，该阻力性质与上述竖直方向上阻力相同，由接触面上水的吸附力、有机无机胶体的黏结力、根系与土壤表面滑动产生的摩擦力以及根系表面经受土壤运动产生的剪切力等组成。图中 O 点为阻力 $f_1, f_2, \cdots, f_N$ 的合力 f 在竖直方向上的几何中心。

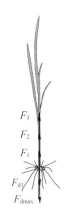
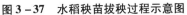

图 3-37　水稻秧苗拔秧过程示意图

图 3-38　水平方向受力分析图

易知

$$f = f_1 + f_2 + \cdots + f_N = \sum_{i=1}^{n} f_i \tag{3-26}$$

F 较小时，不足以扰动水稻秧苗，水稻秧苗仍保持静止不动，此时外力 F 与阻力 f 大小相等、方向相反，互为作用力与反作用力。

F 较大，能够克服土壤对水稻秧苗的最大静阻力时，水稻秧苗不能保持在原地，受损情况有以下三种：

① 当 F 的作用点重合于 O 点时，水稻秧苗水平移动至行间，被行间除草部件压埋入土壤中；

② 当 F 的作用点高于 O 点时，水稻秧苗茎部和叶部倒向土壤，影响后期生长；

③当 F 的作用点低于 O 点时,水稻秧苗茎部和叶部随根部被"拖"入土壤,整株被埋入土壤中。

3.综合伤秧力分析

水田植物在受到弹齿盘的作用后,产生的变形如图 3 – 39 所示。水田植物产生的主要变形为弯曲和轴向拉伸的组合变形。假设地面对水田植物的约束为固定端。

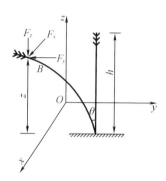

图 3 – 39　水田植物受力分析图

设任意截面 B 到地面的距离为 z,水田植物的高度为 h、运动角为 β,则横截面 B 上的弯矩 M 在 x、y、z 轴下的投影为

$$\begin{cases} M_x = F_z \cos\theta\cos\beta z + F_y z \\ M_y = -F_z \cos\theta\cos\beta z - F_x z \\ M_z = F_y \cos\theta\sin\beta z - F_x \cos\theta\cos\beta z \end{cases} \quad (3-27)$$

任意横截面 B 上的轴力为

$$F_z = ma_e \quad (3-28)$$

当弹齿盘匀速转动时,$F_x = 0$;当除草机匀速前进时,$F_z = 0$。由此获得了水田植物弯曲应力表达式为

$$\sigma_{\max} = \frac{32A\rho\omega^4 R^4 z}{\pi d^3}\left(1 + \frac{\sqrt{h^2 - z^2}}{h}\frac{v_e}{\omega r}\right) \quad (3-29)$$

为了降低伤苗率,提高杂草除去率,水田植物的强度表达式为

稗草　$\dfrac{32A\rho\omega^4 R^4 z}{\pi d_c^3}\left(1 + \dfrac{\sqrt{h^2 - z^2}}{h}\dfrac{v_e}{\omega r}\right) > \sigma_{cs} \quad (3-30)$

秧苗　$\dfrac{32A\rho\omega^4 R^4 z}{\pi d_m^3}\left(1 + \dfrac{\sqrt{h^2 - z^2}}{h}\dfrac{v_e}{\omega r}\right) \leqslant \sigma_{ym} \quad (3-31)$

式中　A——弹齿断面面积,m^2;

ρ——弹齿材料密度,kg/m^3;

d_c——稗草的最小断面直径,m;

d_m——水稻秧苗的最小断面直径,m;

σ_{cs}——稗草的屈服极限应力,Pa;

σ_{ym}——水稻秧苗的屈服极限应力,Pa。

由式可知,水田植物的强度与水田植物本身的屈服强度、水田植物的横截面直径、弹齿盘材料、弹齿旋转半径、弹齿角速度、机器前进速度、水田植物高度和除草位置有关。

3.8.2　仿真分析

1. 水田植物直径对其应力的影响分析

(1)仿真条件

水稻秧苗品种为龙粳 26,插秧后第 7 天,秧苗高度为 0.226 5 m,荷载为 4.73 N,密度 ρ 为 7.85×10^3 kg/m^3,弹齿断面直径的变化范围为 0~5 mm,弹齿角速度 ω 为 30.5 rad/s,弹齿旋转半径 R 为 110 mm,弹齿盘距地面位置高度 z 为 2 mm,除草机前进速度 V_e 为 0.34 m/s,水田植物直径的变化范围为 1.7~15.3 mm,步数为 0.8 rad/s。

(2)仿真结果

水田植物直径对水田植物应力的影响曲线如图 3-40 所示,由图可知,随秧苗、稗草直径的增加,水田植物所受应力减小,且减小的幅度较大,当水田植物直径为 1.7 mm 时,所受应力为 4.1 MPa;当水田植物直径达到 7 mm 时,所受应力减小到 0.075 MPa。水田植物直径对本身应力影响很大,可见确定最佳除草时间对提高杂草除去率和降低伤苗率有重要的意义。

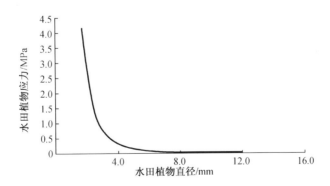

图 3-40　水田植物直径对其应力的影响

2. 弹齿角速度对水田植物应力的仿真分析

（1）仿真条件

水稻秧苗品种为龙粳26，插秧后第7天，秧苗高度为0.226 5 m，荷载为4.73 N，密度 ρ 为 7.85×10^3 kg/m³，弹齿断面直径的变化范围为 0～5 mm，水田植物直径为 2.3 mm，弹齿旋转半径 R 为110 mm，弹齿盘距地面位置高度 z 为2 mm，除草机前进速度 V_e 为0.34 m/s，弹齿角速度 ω 的变化范围为20.9～41.8 rad/s，步数为0.5 rad/s。

（2）仿真结果

在上述条件下，利用 MATLAB 对水田植物所受应力进行了仿真，获得弹齿角速度对水田植物所受应力的影响曲线如图 3－41 所示。由图可知，随弹齿角速度的增大，水田植物受到的应力增大，弹齿角速度对水田植物应力的影响曲线为下凸形曲线。当弹齿角速度为20.9 rad/s 时，水田植物所受应力大小为0.413 8 MPa；当弹齿角速度为40.1 rad/s 时，水田植物所受应力大小达到了 5.96 MPa，增加幅度较大。可见弹齿角速度对水田植物所受应力的影响很大。

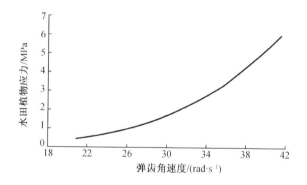

图 3－41　弹齿角速度对水田植物应力的影响

3. 弹齿旋转半径对水田植物应力的仿真分析

（1）仿真条件

水稻秧苗品种为龙粳26，插秧后第7天，秧苗高度为0.226 5 m，荷载为4.73 N，密度 ρ 为 7.85×10^3 kg/m³，弹齿断面直径的变化范围为 0～5 mm，水田植物直径为 2.3 mm，弹齿角速度 ω 为30.35 rad/s，弹齿盘距地面位置高度 z 为2 mm，除草机前进速度 V_e 为0.34 m/s，弹齿旋转半径 R 的变化范围为90～130 mm，步数为0.8 mm。

（2）仿真结果

在上述条件下，利用 MATLAB 对水田植物所受应力进行了仿真，获得弹齿旋转半径对水田植物所受应力的影响曲线如图 3 – 42 所示。由图可知,随弹齿旋转半径的增大,水田植物受到的应力增加,弹齿旋转半径对水田植物应力的影响曲线为下凸形曲线。当弹齿旋转直径为 90 mm 时,水田植物所受应力大小为 0.772 1 MPa;当弹齿旋转半径为 130 mm 时,水田植物所受应力大小达到了 3.24 MPa,增加幅度小于弹齿角速度对水田植物受到的应力的影响。

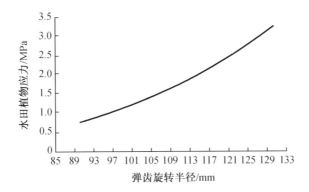

图 3 – 42　弹齿旋转半径对水田植物应力的影响

4. 除草距地面高度对水田植物应力的仿真分析

(1)仿真条件

水稻秧苗品种为龙粳 26,插秧后第 7 天,秧苗高度为 0.226 5 m,荷载为 4.73 N,密度 ρ 为 7.85×10^3 kg/m³,弹齿断面直径的变化范围为 0 ~ 5 mm,水田植物直径为 2.3 mm,弹齿角速度 ω 为 30.35 rad/s,弹齿旋转半径 R 为 110 mm,除草机前进速度 V_e 为 0.34 m/s,弹齿盘距地面高度 z 的变化范围为 1 ~ 200 mm,步数为 0.8 mm。

(2)仿真结果

在上述条件下,利用 MATLAB 对水田植物所受应力进行了仿真,获得弹齿除草高度对水田植物所受应力的影响曲线如图 3 – 43。由图可知,随弹齿除草高度的增加,水田植物受到的应力增大,弹齿除草高度对水田植物应力的影响曲线为线性递增的斜直线。当弹齿除草高度为 0.1 mm 时,水田植物所受应力大小为 0.016 88 MPa;当弹齿除草高度为 196 mm 时,水田植物所受应力大小达到了 3.0 MPa,增加幅度小于弹齿角速度对水田植物受到的应力的影响。

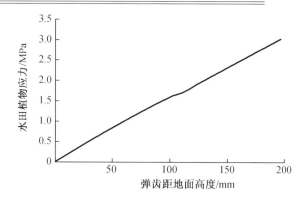

图3-43   除草高度对水田植物应力的影响

5.弹齿断面直径对水田植物应力的影响分析

（1）仿真条件

水稻秧苗品种为龙粳26，插秧后第7天，秧苗高度为0.226 5 m，荷载为4.73 N，密度ρ为7.85×10^3 kg/m³，弹齿角速度ω为30.35 rad/s，水田植物直径为2.3 mm，弹齿旋转半径R为110 mm，弹齿盘距地面位置高度z为1 mm，除草机前进速度V_e为0.34 m/s，弹齿断面直径的变化范围为2~7 mm，步数0.1 mm。

（2）仿真结果

在上述条件下，利用MATLAB对水田植物所受应力进行了仿真，获得弹齿断面直径对水田植物所受应力的影响曲线如图3-44所示。由图可知，随弹齿断面直径的增大，水田植物受到的应力增大，弹齿断面直径对水田植物应力的影响曲线为下凸形曲线。当弹齿断面直径为2 mm时，水田植物所受应力大小为0.37 MPa；当弹齿断面直径为7 mm时，水田植物所受应力大小达到了3.34 MPa。

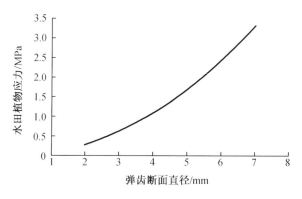

图3-44   弹齿断面直径对水田植物应力的影响

3.9　基于 ANSYS 的秧苗应力分析

3.9.1　ANSYS 简介

　　ANSYS 是一种工程分析软件,该软件主要获得在机械结构系统受到外力负载所出现的反应,例如应力、位移、温度等,根据该反应可知机械结构系统受到外力负载后的状态,进而判断其是否符合设计要求。一般在进行实际应用的过程中,先对实际欲分析物体进行简化,然后采用数值模拟方法分析,可广泛地用于机械制造、土木工程等科学研究。

3.9.2　模型导入

　　本书选择在建模能力较强的 UG 绘图软件中进行三维建模,然后再利用 UG 和 ANSYS 的数据接口,将绘制出的秧苗导入 ANSYS 软件中,以解决建模困难的问题。具体方法如下:

　　①打开 ANSYS 软件,从计算机"开始"菜单中选择"所有程序"— ANSYS Workbench 15.0;

　　②在 ANSYS 界面中选择静态结构(Static Structure)选项中的几何体(Geometry),右击导入几何体(Replace Geometry),通过浏览(Browse...)找到打浆刀的 x. t 文件;

　　③在计算机中找到要导入的用 UG 绘制的模型,然后在 UG 中导入 ANSYS 后的秧苗模型。

3.9.3　网格划分

　　秧苗单元划分采用 ANSYS 软件自身具有的智能网格划分方法。该方法可以根据模型的几何关系,自动将网格划分得疏密得当。本书设置的网格大小为 3 mm,利用实体模型线段长度进行最佳网格化,产生的节点数(Nodes)为 7 946,产生的单元数(Elements)为 4 046。网格划分操作步骤如下:

　　①在操作界面中,双击模型(Model)选项,进入导入的秧苗模型界面。

　　②在导入的秧苗模型界面中,选择界面选项栏中的网格划分(Mesh)选项,通

过点击工具栏中的更新(Update)进行刀具模型的网格更新。

③此时会观察到刚才更新的网格空隙较大,比较粗糙,计算出的结果也不准确,故需对网格进行细化。在 Detail of Mesh 中设置网格尺寸为 3 mm。

3.9.4 创建材料与属性

根据查阅的相关材料与文献,对秧苗材料、密度、弹性模量、泊松比及屈服强度等参数进行设定,如图 3 - 45 所示,步骤如下:

①在操作界面中,双击工程数据(Engineering Data)选项,进入材料编辑界面(Filter Engineering Data);

②在材料编辑界面中,选择添加一项新材料(click here to add a new material),命名为 65MN;

③在菜单栏中添加密度、弹性模量等相关物理性质。

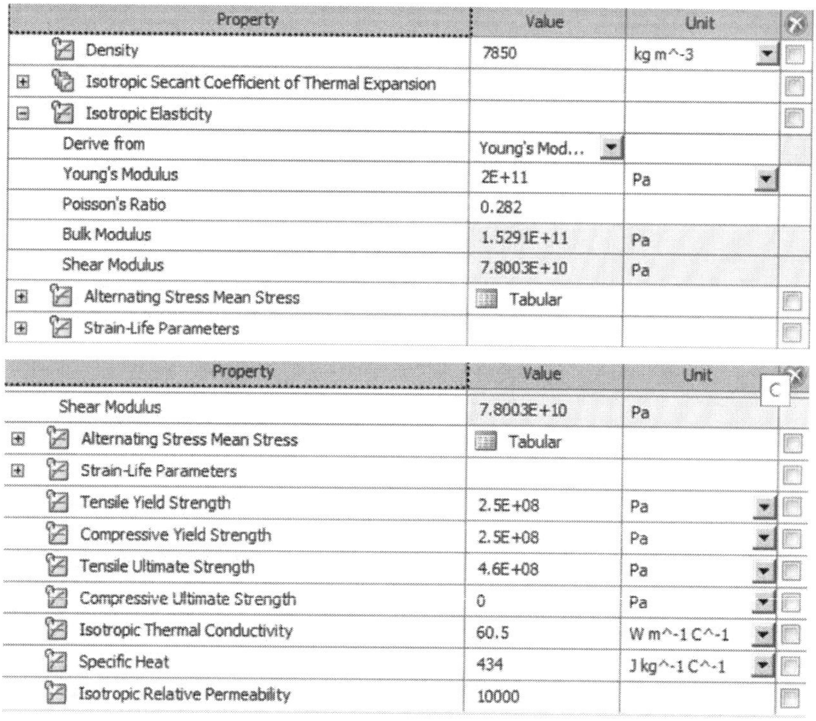

Property		Value	Unit	
	Density	7850	kg m^-3	
⊞	Isotropic Secant Coefficient of Thermal Expansion			
⊟	Isotropic Elasticity			
	Derive from	Young's Mod...		
	Young's Modulus	2E+11	Pa	
	Poisson's Ratio	0.282		
	Bulk Modulus	1.5291E+11	Pa	
	Shear Modulus	7.8003E+10	Pa	
⊞	Alternating Stress Mean Stress	Tabular		
⊞	Strain-Life Parameters			

Property		Value	Unit	
	Shear Modulus	7.8003E+10	Pa	
⊞	Alternating Stress Mean Stress	Tabular		
⊞	Strain-Life Parameters			
	Tensile Yield Strength	2.5E+08	Pa	
	Compressive Yield Strength	2.5E+08	Pa	
	Tensile Ultimate Strength	4.6E+08	Pa	
	Compressive Ultimate Strength	0	Pa	
	Isotropic Thermal Conductivity	60.5	W m^-1 C^-1	
	Specific Heat	434	J kg^-1 C^-1	
	Isotropic Relative Permeability	10000		

图 3 - 45 参数标定界面

3.9.5 应力分析

①水稻秧苗品种为龙粳 26,插秧后第 7 天,秧苗高度为 0.226 5 m,荷载为4.73 N,载荷作用位置距地面高度分别为 2.265 mm、3.775 mm、5.285 mm、8.305 mm时,获得秧苗的变形和应力分布规律如图 3-46、图 3-47 所示。由图可知,随除草位置距地面高度的增加。水田植物的变形和应力均不断增加,其中在上述条件下,除草位置对水田植物的变形影响较小,但对其应力影响较大,总体上呈上升的斜直线变化;当除草位置为 4~6 mm 时,呈上凸形曲线变化;当除草位置为 2.265 mm 时,应力为 1.21 MPa;当除草位置为 8.305 mm 时,应力达到了11.25 MPa。

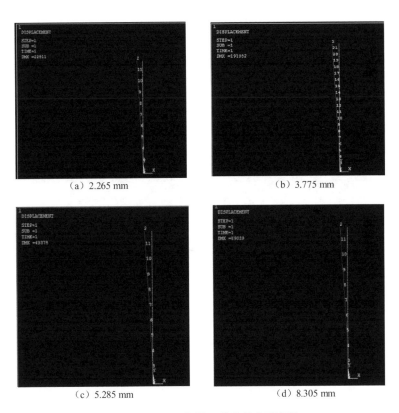

(a) 2.265 mm (b) 3.775 mm

(c) 5.285 mm (d) 8.305 mm

图 3-46 不同位置下秧苗的变形规律

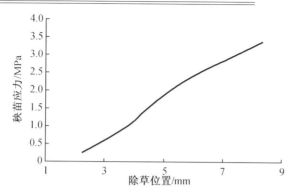

图 3 - 47   不同除草位置下秧苗的应力分布规律

②水稻秧苗品种为龙粳 26,插秧后第 7 天,秧苗高度为 0.226 5 m,荷载为 6.18 N,载荷作用位置距地面高度分别为 2.265 mm、3.775 mm、5.285 mm、8.305 mm 时,获得秧苗的变形和应力变化规律如图 3 - 48、图 3 - 49 所示。由图可知,随除草位置距地面高度的增加,水田植物的变形和应力均不断增大。其中在上述条件下,除草位置对水田植物的变形影响较小,但对其应力影响较大,总体上呈上升的斜直线变化;当除草位置为 3.8 ~ 6.5 mm 时,呈上凸形曲线变化;当除草位置为 2.265 mm 时,应力为 0.28 MPa;当除草位置为 8.305 mm 时,其应力达到了 4.58 MPa。

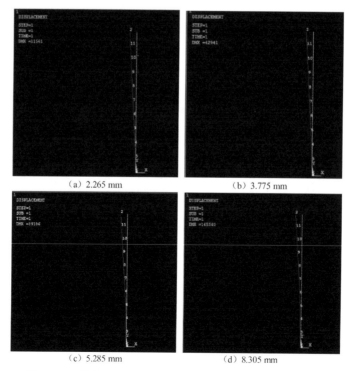

(a) 2.265 mm   (b) 3.775 mm

(c) 5.285 mm   (d) 8.305 mm

图 3 - 48   载荷作用位置距地面高度对秧苗变形规律的影响

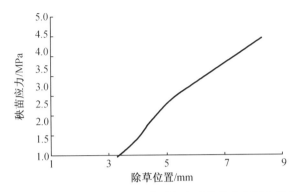

图 3 – 49 载荷作用位置距地面高度对秧苗应力变化规律

③水稻秧苗品种为龙粳 26,插秧后第 7 天,秧苗高度为 0.330 6 m,载荷作用位置为 3.775 mm,载荷分别为 4.73 N、6.18 N、7.63 N、9.08 N、10.5 N 时,获得秧苗的变形和应力变化规律如图 3 – 50、图 3 – 51 所示。由图可知,随载荷的增大,水田植物的变形和应力均不断呈线性增加,当载荷为 4.73 N 时,应力为 1.45 MPa;当载荷为 10.5 N 时,其应力达到了 3.35 MPa。

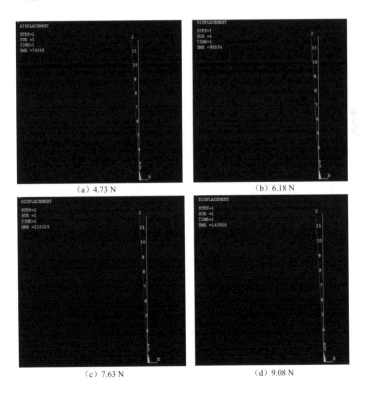

(a) 4.73 N   (b) 6.18 N

(c) 7.63 N   (d) 9.08 N

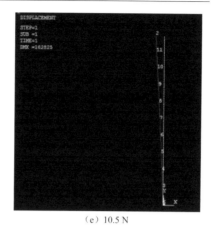

（e）10.5 N

图 3 – 50   不同载荷下秧苗的变形规律

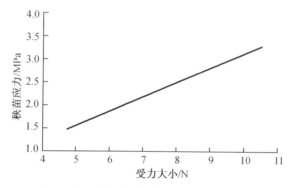

图 3 – 51   不同载荷下秧苗的应力分布规律

④水稻秧苗品种为龙粳26,插秧后第13天,秧苗高度为0.330 6 m,载荷作用位置为3.775 mm,载荷分别为4.73 N、6.18 N、7.63 N、9.08 N、10.5 N 时,获得秧苗的变形和应力变化规律如图3 –52、图3 –53所示。由图可知,随载荷的增大,水田植物的变形和应力均不断呈线性增加,当载荷为4.73 N 时,应力为1.67 MPa;当载荷为10.5 N 时,其应力达到了3.89 MPa。

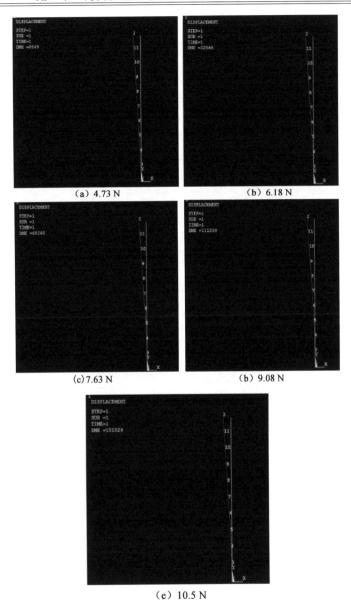

图 3 - 52　不同载荷下秧苗的变形规律

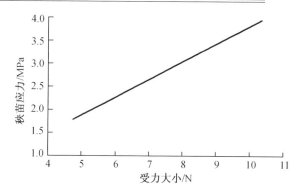

图 3 - 53　不同载荷下秧苗应力的分布规律

3.9.6　弹齿模型的建立及应力分析

①建立弹齿弹齿盘三维有限元分析模型如图 3 - 54 所示。

②对三维模型进行材料设定,苗间弹齿盘所用材料为锰钢,与轮毂连接方式为焊接。

③对三维模型进行网格划分。有限元分析中空间单元主要有轴对称旋转单元、空间梁单元、空间四面体单元等。弹齿盘选择空间四面体单元进行网格划分。弹齿盘网格划分情况如图 3 - 55 所示。

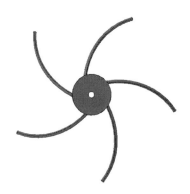

图 3 - 54　弹齿盘结构简图

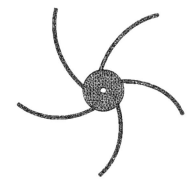

图 3 - 55　弹齿盘网格划分图

④对三维模型施加载荷。弹齿在垂直地面向下位置时受到土壤阻力最大(弹齿进入土壤最深),此时应力值最大。施加载荷,得出计算结果如图 3 - 56、图 3 -57所示。

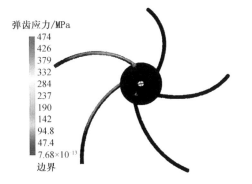

弹齿应力/MPa
474
426
379
332
284
237
190
142
94.8
47.4
7.68×10^{13}
边界

图 3 − 56　弹齿应力分析图

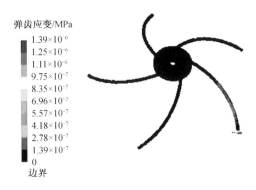

弹齿应变/MPa
1.39×10^{-6}
1.25×10^{-6}
1.11×10^{-6}
9.75×10^{-7}
8.35×10^{-7}
6.96×10^{-7}
5.57×10^{-7}
4.18×10^{-7}
2.78×10^{-7}
1.39×10^{-7}
0
边界

图 3 − 57　弹齿应变分析图

上述结果表明,靠近弹齿盘轮毂的位置应力较大,弹齿边缘位置形变较大;最大应力为 474 Pa,小于材料的许用应力,满足强度要求。

3.10　弹齿应变的试验研究

3.10.1　试验原理及方法

水稻秧苗水平伤秧力测试原理如图 3 − 58 所示。

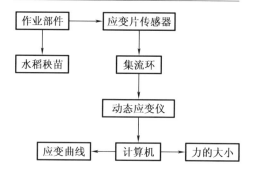

图 3 - 58　水稻秧苗水平伤秧力测试原理框图

3.10.2　试验结果

在弹齿转速 120 r/min、齿端距地面深度 20 mm 的条件下,利用试验装置对弹齿除草过程的应变进行测定,获得不同时间条件下弹齿微应变的变化规律,如图 3 - 59所示。由图可知,开始时弹齿变形近似为 0,随着弹齿不断地深入土壤,其应变开始逐渐增加,当弹齿完全进入土壤并开始接触稗草根系与土壤混合物时,变形急剧增加,由于该混合物强度大,因此弹齿达到了变形的最高值 1 563,当弹齿完成除草离开土壤后变形随之变小,可见弹齿的变形主要是由弹齿上黏附的土壤引起的。

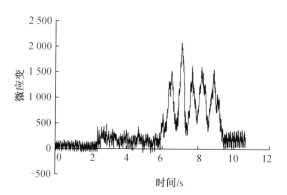

图 3 - 59　水平伤秧力微应变曲线图

3.11　弹齿盘参数的确定

3.11.1　弹齿角速度范围的确定

根据弹齿运动分析以及水田植物的强度分析可知,弹齿角速度受弹齿长度、除草机前进速度、稗草或水稻秧苗直径、稗草或水稻秧苗弹性模量、稗草或水稻秧苗高度、稗草或水稻秧苗屈服应力、弹齿材料密度、弹齿断面面积的影响。

为了降低伤苗率,提高杂草除去率,弹齿角速度应满足的关系为

$$\frac{\sigma_c \pi d_c^3}{2A_{tc}\rho_{tc}D^2 h_c} \leqslant \omega \leqslant \frac{\sigma_m \pi d_m^3}{2n_s A_{tc}\rho_{tc}D^2 h_m} \qquad (3-32)$$

由式(3-32)可知,弹齿角速度与水田植物基本特性、弹齿材料及直径、弹齿旋转直径有关。

1. 水田植物基本参数的确定

根据前人的研究经验可知,在水稻秧苗插秧后第 7 天,稗草萌发率达到第一个高峰;插秧后第 10 天开始,稗草萌发率逐渐下降;在插秧后第 13 天开始,稗草基本上不再生长,所以除草的最佳时间为第 7 天和第 13 天(两次)。经测定获得水稻秧苗插秧后第 7 天、13 天稗草和水稻秧苗的基本物理特性见表 3-8。

表 3-8　稗草和水稻秧苗的基本物理特性

	天数/d	直径/m	根深/m	高度/m	屈服应力/MPa
稗草	7	0.001 72	0.008 2	0.110 4	0.533
	13	0.002 72	0.013 5	0.156 3	1.29
水稻秧苗	7	0.002 12	0.012 3	0.226 5	1.45
	13	0.002 95	0.025 3	0.330 6	1.56

2. 弹齿材料及直径的确定

镀锌铝合金在土壤中遇到泥土阻力,容易发生变形,Q235 杂质多,并且在弹齿盘旋转工作时与轮毂焊接处易断裂,弹簧钢在碰到硬质物体时不易变形,经过几次试验研究,综合考虑,弹齿材料选择 65MN 弹簧钢,密度 ρ_{tc} 为 7.85×10^3 kg/m³,弹齿直径取 0.005 m,面积 A 为 0.000 019 63 m²。

3. 弹齿旋转直径的确定

根据图 3 – 60 所示,弹齿旋转直径满足

$$D \geqslant 2(h + h_1) \tag{3-33}$$

式中 h_1——耕深,m。

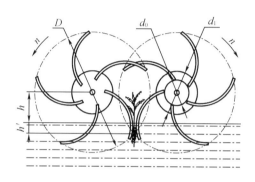

图 3 – 60   弹齿工作图

由水稻秧苗和稗草物理特性可知,除草深度要满足于 $h_{1max} = 0.015 \sim 0.03$ m。为了防止出现缠苗或缠草现象,弹齿盘的离地间隙应大于水稻秧苗和稗草高度的 1/3,当 h_{min} 取 0.1 m, h_{1max} 取 0.03 m 时,$D \geqslant 0.26$ m。考虑到弹齿旋转直径过大,机器稳定性减弱;直径过小时,影响杂草除去率,因此弹齿旋转直径 D 为 0.28 m。

根据上述参数值,获得弹齿角速度取值范围为

$$19.8 \text{ rad/s} \leqslant \omega \leqslant 29.6 \text{ rad/s}$$

3.11.2   弹齿数量 N 范围的确定

根据弹齿盘的运动过程,为了提高杂草除去率,弹齿盘中弹齿的分布与除草间距存在以下关系

$$S = \frac{E\omega D}{2V_e} \tag{3-34}$$

式中 S——弹齿端间距,m;

　　　　E——水稻秧苗株间距,m。

当除草机前进速度为 0.43 m/s,弹齿角速度为 19.8 rad/s $\leqslant \omega \leqslant$ 29.6 rad/s,水稻秧苗株间距为 0.12 m,弹齿旋转直径为 0.28 m 时,弹齿端间距为 0.2 m $\leqslant S \leqslant$ 0.4 m。

根据弹齿数确定公式

$$N = \frac{\pi D}{S} \qquad\qquad (3-35)$$

综合考虑,可得 $2.14 \leqslant N \leqslant 8.79$,取整即有 $3 \leqslant N \leqslant 8$。

3.12　本 章 小 结

(1)设计了水田除草装置,根据其工作原理,确定了除草关键部件弹齿盘的形状、轮廓、中心曲线等关键参数。

(2)对弹齿端部进行了运动学、动力学分析,结果表明:

①弹齿盘除草速度与除草机前进速度、弹齿角速度、弹齿旋转直径均成正比;除草角与除草机前进速度成正比,与弹齿角速度、弹齿旋转直径成反比。

②弹齿端部在 x、y 方向的运动上下波动,呈周期性变化,波动变化在半径为 $0.11\mathrm{m}$ 的圆范围进行,但随时间的推移,除草时间不同,运动周期的波峰也不同。

③弹齿端部在 xOy 面上的轨迹为半径 r 的圆,z 方向为直线。以上说明弹齿在田间除草的过程与水田土壤接触形成的轨迹为螺旋上升的曲线。

④y 方向的运动加速度随弹齿旋转半径的增加而呈线性增加,随弹齿角速度呈上凸形曲线变化,弹齿角速度对 y 方向的运动加速度的影响程度大于弹齿旋转半径。

(3)利用自行研制的伤秧力测试系统对不同条件下的秧苗伤秧力进行测定,获得的各参数对秧苗伤秧力的影响规律如下:

①单穴水稻秧苗株数对水平伤秧力的影响随秧苗株数的增多而增大。当单穴水稻秧苗株数为 5 时,秧苗极限伤秧力为 12.65 N;当单穴水稻秧苗株数为 7 时,秧苗极限伤秧力为 15.03 N。

②弹齿旋转半径对水平伤秧力的影响随弹齿旋转半径的增大而增大。当弹齿旋转半径为 110 mm 时,秧苗极限伤秧力为 12.31 N;当弹齿旋转半径为 130 mm 时,秧苗极限伤秧力为 16.02 N。

③水平伤秧力随齿端距地面深度的增加而增大。当除草深度为 100 mm 时,秧苗极限伤秧力为 12.01 N;当除草深度为 300 mm 时,秧苗极限伤秧力为 17.03 N。

(4)对水田植物进行了强度分析,仿真结果表明:

①随秧苗、稗草直径的增大,水田植物所受应力减小,减小的幅度较大。当水田植物直径增大 5.3 mm 时,所受应力减小为 4.05 MPa,水田植物直径对本身应力影响很大,可见确定最佳除草时间对提高杂草除去率和降低伤苗率有重要的意义。

②随弹齿角速度、弹齿旋转直径、弹齿除草高度、弹齿断面直径的增大,水田植物受到的应力增大。当弹齿角速度增大到 10 rad/s 时,水田植物所受应力增大4.35 MPa;当弹齿旋转直径增大 40 mm 时,水田植物所受应力增大2.5 MPa;当弹齿除草高度增加 196 mm 时,水田植物所受应力增大 2.12 MPa;当弹齿断面直径增大 5 mm 时,水田植物所受应力增大 3.1 MPa。弹齿旋转半径、弹齿除草高度对水田植物应力的影响增加幅度均小于弹齿角速度,弹齿角速度对水田植物所受应力的影响最大。

(5)利用 ANSYS 软件对水田植物和弹齿盘分别进行了强度分析,结果表明:

①水田植物的变形和应力均随除草位置距地面高度、除草时间、载荷的变化而变化,总体趋势是随弹齿位置距地面高度、载荷的增加呈线性增加,随除草时间的增加应力减小,对变形影响较小,而对应力影响较大。

②弹齿靠近弹齿盘轮毂的位置处应力较大,弹齿边缘位置形变较大,最大应力为 494 Pa,小于材料的许用应力,满足强度要求。

(6)获得了弹齿角速度、弹齿旋转半径、弹齿端间距的范围:19.8 rad/s≤ω≤29.6 rad/s、90 mm≤R≤130 mm、0.2 m≤S≤0.4 m。

第4章 弹齿-泥浆-杂草离散元复合模型的建立

为研究弹齿几何尺寸对杂草除去率的影响,现通过虚拟仿真方法对不同几何尺寸的弹齿进行单因素与多因素试验。本研究以水田物理参数为基础,根据黑龙江建三江农场水田土壤物理特点,为准确还原机具作业实际情况,现通过 EDEM 仿真软件建立弹齿-泥浆-杂草系统模型,在此基础上进行弹齿试验与研究。

4.1 离散元仿真软件 EDEM 介绍

离散元仿真软件 EDEM 由英国 DEM-Solutions 公司开发,用于对散粒体及其作用系统进行数值模拟和仿真分析。此仿真软件可提供快速便捷的建模模块(Creator)、高效可视化的仿真模块(Simulator)和精准有效的后处理模块(Analyst)三个部分。其主要具有以下特点:

①强大的建模功能,可导入机械部件几何模型并快速建模,同时提供颗粒定义,包括颗粒几何形状、物理特性及颗粒工厂等。

②可视化能力强,可对颗粒与几何体间的运算结果进行实时观测分析,并不断修正和优化仿真边界条件参数。

③数据分析和后处理能力,对仿真过程提供动态模拟,同时对机械部件-颗粒体及颗粒体间相互作用、运动轨迹及力学关系等数据进行分析处理。

④可与多种计算机辅助设计软件(如 Fluent、FEA、MBD、CFD 等)进行关联,实现数据的共享和耦合。此软件主要基于离散元法开发应用,内部主要包含 8 种接触模型,以与实际工作情况良好吻合。其主要特点是具有完善的建模流程、独立的仿真模块、强大的二次开发接口、丰富的后处理工具及准确的多物理场耦合等。

4.2　土槽模型的建立

应用 EDEM 仿真软件中的多种能量与接触模型,将其结合实际地况对土槽进行接触模型选取与参数定义,能够准确还原机具实际作业情况,使仿真分析结果真实可靠。通过查阅相关文献可知,土槽中的颗粒模型在外部动力作用下运动仿真效果显著,对研究泥浆与机械的作用过程和设计优化相关农业机械部件具有重要意义。在机械部件与泥浆颗粒接触的过程中,泥浆颗粒模型在切削与打击的作用下发生物理流动效果,进而对所要求的机械部件进行改进与优化。由此可见,合理的土槽模型是整个仿真过程的关键,下面将对土槽模型的创建进行描述。

1. 材料本征参数

EDEM 仿真软件中的材料本征参数包括三项:泊松比、剪切模量和密度。这是材料自身的特性参数,不受外部环境的影响,一般来说本征参数较为固定,可以直接从一些物性手册或文献中查阅获取,也可以通过现有的成熟实验方式获取。通过对水田地的实际地况进行考察可知,虚拟仿真试验需要杂草与泥浆两种材料,同样还有必需的外部的弹齿。仿真相关参数设置见表 4 – 1。

表 4 – 1　材料参数

材料类型	参数	数值
杂草	密度/(kg·m^{-3})	241
	泊松比	0.40
	剪切模量/Pa	1×10^6
泥浆	密度/(kg·m^{-3})	1 500
	泊松比	0.38
	剪切模量/Pa	1×10^6
弹齿	密度/(kg·m^{-3})	7 865
	泊松比	0.30
	剪切模量/Pa	7.9×10^{10}

2. 物理模型

本研究的土槽模型包括杂草和泥浆。通过查阅文献发现目前杂草物料在离散元仿真时普遍被假设为刚体,在建立杂草颗粒时,建立多个不同位置的球面,利用单球面颗粒堆叠的方式组成类似于杂草的条状,以往实验证明此模型可以满足仿真需求,故本研究选取单球面颗粒堆叠成条柱状的方法构建杂草模型。根据水田的实际情况,土槽整体由泥浆和杂草两部分组成,杂草位于泥浆上部,其中泥浆颗粒模型为单球面颗粒,其模型与参数见表4－2。

表4－2　颗粒模型与参数

名称	颗粒模型	结构性能及参数
杂草模型		稻秆模型1呈圆柱状,组成稻秆的颗粒半径为4 mm,颗粒之间中心距为4 mm,堆积出的稻秆长度为156 mm
		稻秆模型2呈双叉枝状,颗粒半径为4 mm,颗粒之间中心距为4 mm
		稻秆模型3呈三叉枝状,颗粒半径为4 mm,颗粒之间中心距为4 mm
泥浆颗粒模型		泥浆颗粒模型为规则单球面颗粒,其颗粒半径为5 mm

在创造模型模块(Creator)中,通过散装材料(Bulk Material)选项添加物料模型材料(Add Bulk Material),并对其进行重命名(Rename Material),为便于后期对泥浆和杂草模型材料进行区分,分别将上述模型材料命名为"Nijiang""zacao"。在重命名过的材料中,通过添加颗粒(Add Particle)选项进行模型堆积。以泥浆(Nijiang)颗粒模型为例,添加颗粒后,首先选取颗粒模型为单球面(Single Sphere),再在 Physical Radius 中定义单球面颗粒半径为 6 mm,最后在计算质量(Properties)中计算颗粒质量(Calculate Properties),至此,泥浆的颗粒模型创建完成。同理,对剩下的物料模型进行创建。需要注意的是,由于泥浆与杂草属于不同的材料,故在创建泥浆与杂草模型时,需要再次在散装材料(Bulk Material)选项中重新添加物料模型材料(Add Bulk Material)。弹齿模型是由 UG 三维建模软件建模,只需将其导出 igs 格式的文件后,在 EDEM 中的设备材料(Equipment Material)中添加设备材料(Add Equipment Material)即可导入 EDEM 中。

3. 接触模型

EDEM 仿真软件中的接触模型是用来描述颗粒单元之间接触时单元运动的行为,其中包括 Hertz – mindlin 模型(用于常规颗粒的接触作用)、Linear Cohesion 模型(传统的颗粒黏结模型,用于一般性黏结颗粒的快速计算)、Hertz – mindlin with JKR 模型(适用于药粉等粉体颗粒和农作物、矿石、泥土等含湿物料)等九种接触模型。通过对实际地况进行考察,并结合目前相关研究,对本研究中的杂草、泥浆以及它们之间的接触模型进行选取,结果见表 4 – 3。

表 4 – 3　接触模型

序号	接触单元	Physics(接触模型)
2	泥浆与泥浆	Hertz – mindlin with JKR
4	杂草与泥浆	Hertz – mindlin
5	杂草与杂草	Hertz – mindlin

4. 材料接触参数

EDEM 中定义的材料基本接触参数包括碰撞恢复系数、静摩擦系数和滚动摩擦系数三个参数。这是两个物体出现接触过程时才会出现的物性参数,其数值与发生接触的两个物体都有关系。这三个参数的变化范围非常大,例如,抛光度不相同的球体,其摩擦系数会有较大的差异,故无法编辑出相关的物性手册或数据库的形式。现通过查阅相关文献得出表 4 – 4 所示接触参数。

表 4 – 4　接触参数

相互作用材料类型	参数	数值
杂草与杂草	碰撞恢复系数	0.3
	静摩擦系数	0.9
	动摩擦系数	0.1
泥浆与泥浆	碰撞恢复系数	0.3
	静摩擦系数	0.114
	动摩擦系数	0.1
泥浆与弹齿	碰撞恢复系数	0.5
	静摩擦系数	0.2
	动摩擦系数	0.03
杂草与弹齿	碰撞恢复系数	0.2
	静摩擦系数	0.3
	动摩擦系数	0.01
杂草与泥浆	碰撞恢复系数	0.4
	静摩擦系数	0.8
	动摩擦系数	0.2

在创建出所有的材料模型之后，就可以对材料接触参数进行添加。在设置泥浆与泥浆时，通过 EDEM 仿真软件中的接触作用（Interaction）选项，点击"添加"按钮选择泥浆模型，继而将碰撞恢复系数、静摩擦系数与动摩擦系数数值输入即可。同理，以同样的方法再次对杂草与杂草、杂草与弹齿、杂草与泥浆等共 5 组相互接触的材料模型进行接触参数设置。至此，仿真土槽材料模型的接触参数设置完成。

5. 颗粒工厂

EDEM 中颗粒工厂的创建是整个建模过程中比较复杂的一部分，特别是某些需要预填充一定颗粒的问题，一旦某些设置或参数定义错误将使得颗粒模型无法产生，或者出现颗粒生成非常缓慢，需要花费极长的时间才能获得需要的颗粒数等错误现象，因此，合理地对软件进行颗粒生产设置显得非常重要。下面将对具体操作与注意事项进行阐述。

颗粒工厂设置总体由颗粒工厂名称（Name）、颗粒产生方式（Particle Generation）和颗粒参数（Parameters）三大部分组成。其中，颗粒产生方式包括动态颗粒生成（dynamic）与静态颗粒生成（static）两种方法。动态颗粒生成法可以设置颗粒生成量,包括无限制(Unlimited Number)、总数量(Total Number)或者总质量(Total Mass),同时,还需定义颗粒生成速率(Generation Rate)参数,其定义参数包括期望每秒生成个数(Target Number per Second)或者期望质量流量(Target Mass);而静态颗粒生成法则设置完全填充(Full Section)、总数量(Total Number)或者总质量(Total Mass)。但是,无论选择哪种生成方法,都需要对开始时间(Start Time)和放置颗粒的最大尝试次数(Max Attempts to Place Particle)进行参数设定。

本仿真颗粒产生方式采用动态颗粒生成法分别对杂草和泥浆进行颗粒生成。考虑到杂草分布于泥浆之上,故创建颗粒工厂时,分别插入两个面作为泥浆和杂草的颗粒工厂的载体。插入面时,选择几何体(Geometries)中的导入几何体(Add Geometries)选项,选取其中的面结构(Polygon),此时在 EDEM 显示界面会显示此面位置,再通过调整面的方向与尺寸,以此作为泥浆的颗粒工厂载体。同时,需要定义此面的类型(Type)为虚拟结构(Virtual),再次选择此面,通过添加颗粒工厂(Add Factory)功能即可创建出泥浆的颗粒工厂。同理,用相同的方法与步骤也可创建出杂草的颗粒工厂。至此,颗粒工厂创建完成,相应的颗粒工厂相关参数见表 4 - 5。

表 4 - 5   颗粒工厂相关参数

颗粒	泥浆颗粒	杂草颗粒
总数量(Total Number)/个	无限制(Unlimited Number)	1 000
期望数量(Target Number)/个	20 000	60
材料(Material)	Nijiang	Zacao
掉落速度(Velocity)/(m·s⁻¹)	2	2
重力加速度(Gravity)/(m·s⁻¹)	9.81	9.81

颗粒工厂创建完成后,还需要通过仿真模块(Simulator)对颗粒的产生过程进行设置,需要设置包括生成颗粒的固定时间步、总时间、网格尺寸等一系列必要的参数。通过多次尝试后定义的颗粒生成参数见表 4 - 6。

表 4－6　颗粒生成参数

设置顺序	设置内容	参数
1	固定时间步（Fixed Time Step）	30%
2	总生成时间（Total Time）/s	20
3	保存一次所需时间步（Target Save Interval）/s	0.01
4	开始时间（Start Time）/s	10^{-12}
5	网格尺寸（Cell Size）	6
6	处理器（CPU）	4/8

　　水田在埋覆杂草时,为方便杂草的翻埋与后续的插秧工作,农艺方面要求泥浆厚度达到 50～100 mm,杂草要求均匀分布在两条泥浆垄之上,现通过佳木斯市建三江前进农场进行实地调研,经过实地测量,测得泥浆层深度平均值为 100 mm,杂草平均密度为 60 根/米²,且以横竖随机分布的方式均匀覆盖在泥浆层上部。在软件中建立长宽高分别为 2 000 mm、500 mm、250 mm 的离散元虚拟土槽,如图4－1所示。

图 4－1　土槽模型

4.3　仿　　真

土槽模型建好之后,需要将弹齿导入 EDEM 中的仿真(Simulator)模块中,并对弹齿进行位置与运动的设置。

1. 导入模型

在 UG 三维建模软件中创建出需要仿真的弹齿,并将其保存为 igs 格式文件,此格式文件能与 EDEM 仿真软件接口相匹配。在 EDEM 的 Creator 模块中,选择几何体(Geometries)选项中的导入几何体(Import Geometries),即可导入弹齿。

2. 调节弹齿位置

弹齿刚导入 EDEM 仿真软件中会与土槽中的颗粒发生交互现象,且该初始位置不符合仿真要求,故需在 CAD Geometries 选项中对弹齿的开始仿真位置进行移动,通过调节 Start Point 中的参数,对弹齿进行合理的位置调控。

3. 添加运动

弹齿在切割土壤时,会做旋转与直线运动,在弹齿模型选项中,添加运动(Add kinematic)选项,选择其中的直线运动(Add Linear Translation)和旋转运动(Add Linear Rotation),输入前进速度为 0.43 m/s,转速为 260 r/min,如图 4 – 2 所示。

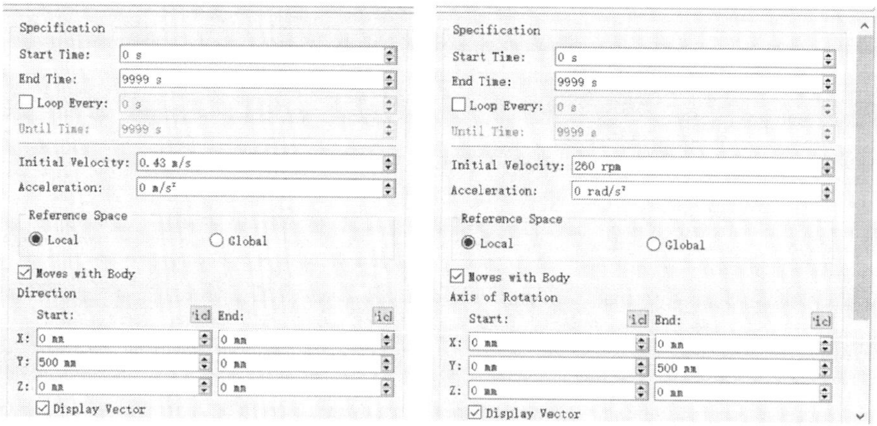

图 4 – 2　添加运动

4. 添加时间步

在 EDEM 的 Simulator 模块中,定义仿真固定时间步(Fixed Time Step)为 20% ,仿真总时间(Total Time)为 3.3 s,如图 4 – 3 所示。

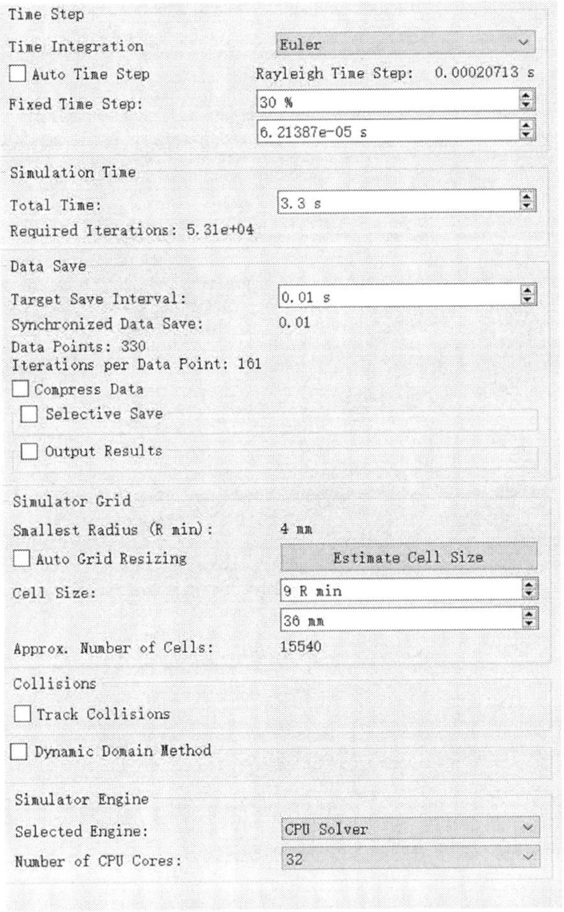

Time Step	
Time Integration	Euler ⌄
☐ Auto Time Step	Rayleigh Time Step:　0.00020713 s
Fixed Time Step:	30 % ⇳
	6.21387e-05 s ⇳
Simulation Time	
Total Time:	3.3 s ⇳
Required Iterations: 5.31e+04	
Data Save	
Target Save Interval:	0.01 s ⇳
Synchronized Data Save:	0.01
Data Points: 330	
Iterations per Data Point: 161	
☐ Compress Data	
☐ Selective Save	
☐ Output Results	
Simulator Grid	
Smallest Radius (R min):	4 mm
☐ Auto Grid Resizing	Estimate Cell Size
Cell Size:	9 R min ⇳
	36 mm ⇳
Approx. Number of Cells:	15540
Collisions	
☐ Track Collisions	
☐ Dynamic Domain Method	
Simulator Engine	
Selected Engine:	CPU Solver ⌄
Number of CPU Cores:	32 ⌄

图 4 – 3　添加时间步

以上设置完成后,在 Simulator 模块中点击进度条左边的 Progress 按钮,弹齿埋覆杂草仿真运动随即开始。图 4 – 4 所示为仿真过程图。

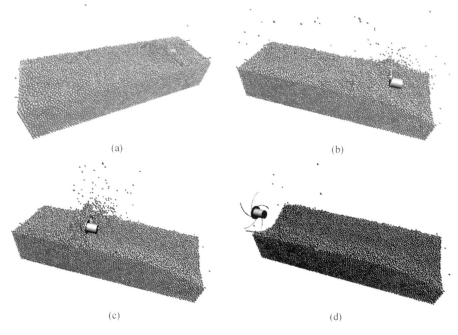

图 4－4　仿真过程

4.4　本 章 小 结

为准确研究弹齿几何形状对埋茬率、耕后平整度和功耗的影响,并为后续章节探究单因素与多因素多目标之间的变化规律,获得埋茬率、耕后平整度和功耗的最优参数奠定基础,本章利用 EDEM 仿真软件对高留茬水田环境进行创建。

(1)在建立土槽模型过程中,为使其更接近实际高留茬水田作业环境,将土槽分为稻秆、泥浆、耕层土壤三部分,分别进行模型创建。

(2)通过查阅相关文献选择合适的泥浆、稻秆和耕层土壤的材料本证参数,并创建出相应的物理模型。

(3)泥浆之间采用 JKR 接触模型,稻秆之间采用无滑移接触模型,并设计出对应的接触参数。

(4)通过创造颗粒工厂,在 EDEM 中创建出不同的模型颗粒,完成土槽颗粒填充。

(5)土槽创建完成后,将弹齿导入 EDEM 中,分别对弹齿进行位置调整、添加运动等一系列调节,为后续章节的仿真试验奠定基础。

第5章 弹齿离散元数值模拟分析与试验研究

5.1 试验因素和方法

1. 试验因素

弹齿的运动学、动力学分析结果表明,弹齿作业过程影响杂草除去率的几何因素主要为弹齿数量、弹齿几何半径、弹齿旋转半径、弹齿角速度等,为了进一步优化参数,在固定其他工作参数的条件下,选取弹齿数量、弹齿几何半径、弹齿旋转半径作为试验因素进行离散元虚拟仿真试验。根据以往经验,初步设定尺寸范围:弹齿数量 3~6 个、弹齿几何半径 1.5~3.5 mm、弹齿旋转半径 120~200 r/min。

2. 性能指标及测量方法

通过 EDEM 虚拟仿真试验,选取杂草除去率为试验性能指标,测量方法及公式如下。

在第 4 章仿真模型的基础上,在规定的土槽区域(1 200 mm × 400 mm × 230 mm)内进行仿真。仿真前确定仿真区域内的杂草数量,仿真后在处理杂草除去率性能指标数据时,对仿真后土槽的俯视图进行观察,确定仿真后杂草数量,将此数据与仿真前总杂草数量相除即为在该弹齿除草作业后的杂草除去率。上述试验过程重复三次取最小值。后处理模块如图 5 - 1(a)所示,其公式如下:

$$B = \frac{N_{后}}{N_{前}}$$

式中　B——杂草除去率;

$N_{前}$——仿真前土槽上表面杂草数量,根;

$N_{后}$——仿真后土槽上表面杂草数量,根。

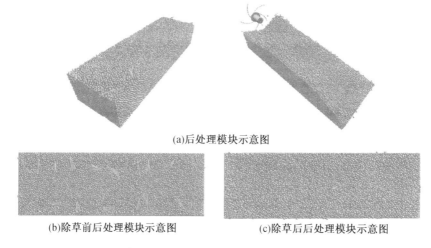

(a)后处理模块示意图

(b)除草前后处理模块示意图　　　　　　　(c)除草后后处理模块示意图

图 5 - 1　测量试验性能数据示意图

5.2　单因素仿真试验结果与分析

5.2.1　弹齿数量对杂草除去率的影响

1. 仿真条件

稗草直径为 2.72 mm,稗草高度为 156.25 mm,弹齿旋转半径为 110 mm,弹齿直径为 5 mm,弹齿材料为 65MN,弹齿数量分别为 3 个、4 个、5 个、6 个、7 个,弹齿转速为 290 r/min,除草机前进速度 0.43 m/s。在固定弹齿起始除草位置后,探究弹齿数量对杂草除去率的影响。

2. 仿真结果与分析

仿真后能够观察出没有被除掉的杂草数量,将此数据与仿真前总杂草的数量相除即为在该弹齿作业后的杂草除去率。弹齿数量分别为 3 个、4 个、5 个、6 个、7 个时对杂草除去率的影响数据见表 5 - 1。由表可知,当弹齿数量分别为 3 个、4 个、5 个、6 个、7 个时对应的杂草除去率分别为 80%、90%、86%、84%、80%,通过数据分析获得弹齿数量对杂草除去率影响的关系曲线如图5 - 2所示。由图可知,杂草除去率随弹齿数量的增加先提高后降低,但弹齿数量少于 4 个时,杂草除去率随弹齿数量的增加而提高,增加幅度较大,由 80% 增加到 90%;当弹齿数量多于 4 个时,杂草除去率随弹齿数量的增加而降低,降低幅度较小,由 90% 降低到 80%;

当弹齿数量为 4 个时,杂草除去率较高。

表 5 - 1　弹齿数量对杂草除去率的影响

弹齿数量/个	杂草除去率/%
3	80
4	90
5	86
6	84
7	80

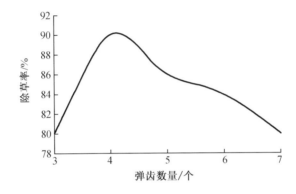

图 5 - 2　弹齿数量对杂草除去率的影响

5.2.2　弹齿几何半径对杂草除去率的影响

仿真后,能够观察出没有被除掉的杂草数量,将此数据与仿真前总杂草的数量相除即为在该弹齿作业后的杂草除去率。弹齿几何半径分别为 1.5 mm、2 mm、2.5 mm、3 mm、3.5 mm 时,其对杂草除去率的影响见表 5 - 2。由表可知,弹齿几何半径分别为 1.5 mm、2 mm、2.5 mm、3 mm、3.5 mm 时,杂草除去率分别为 74%、82%、86%、88%、92%,通过数据分析获得弹齿几何半径对杂草除去率影响的关系曲线如图 5 - 3 所示。由图可知,杂草除去率随弹齿数量的增加而提高,当弹齿几何半径小于 2.5 mm 时,杂草除去率随弹齿几何半径的增加幅度较大,由 74% 增加到 86%,增加幅度为 12%;当弹齿几何半径为 2.5 ~ 3 mm 时,增加幅度变小,由 86% 增加到 92%,增加幅度为 6%。

表 5 - 2　弹齿几何半径对杂草除去率的影响

弹齿几何半径/mm	杂草除去率/%
1.5	74
2	82
2.5	86
3	88
3.5	92

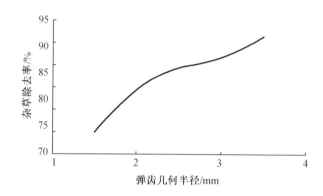

图 5 - 3　弹齿几何半径对杂草除去率的影响

5.2.3　弹齿旋转半径对杂草除去率的影响

仿真后,能够观察出没有被除掉的杂草数量,将此数据与仿真前总杂草的数量相除即为在该弹齿作业后的杂草除去率。弹齿旋转半径分别为 100 mm、125 mm、150 mm、175 mm、200 mm 时对杂草除去率的影响见表 5 - 3。由表可知,弹齿旋转半径分别为 100 mm、125 mm、150 mm、175 mm、200 mm 时,杂草除去率分别为 60%、75%、90%、88%、82%,通过数据分析获得弹齿旋转半径对杂草除去率影响的关系曲线如图 5 - 4 所示。由图可知,杂草除去率随弹齿旋转半径的增大先提高后降低,当弹齿旋转半径小于 150 mm 时,杂草除去率随弹齿几何半径的增大而提高,提高幅度较大,由 60% 提高到 90%,提高幅度为 30%;当弹齿旋转半径大于 150 mm 时,杂草除去率随弹齿几何半径的增大而降低,降低幅度比提高幅度小,由 90% 降低到 82%,降低幅度为 8%。

表 5 – 3　弹齿旋转半径对杂草除去率的影响

弹齿旋转半径/mm	杂草除去率/%
100	60
125	75
150	90
175	88
200	82

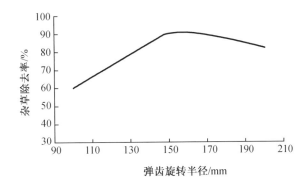

图 5 – 4　弹齿旋转半径对杂草除去率的影响

5.3　多因素试验研究

　　由上述单因素试验得出,弹齿数量、弹齿几何半径以及弹齿旋转半径对杂草除去率影响较为显著。为进一步探究弹齿数量、弹齿几何半径以及弹齿旋转半径及其相互作用对指标的影响,本研究通过进行三因素五水平二次正交旋转组合设计试验,并运用数据分析软件得到弹齿工作的最佳几何参数组合,为得到高性能的弹齿提供了依据。

5.3.1　试验方案

　　根据上述单因素试验数据结果,合理选择各因素数据的变化范围,确定出因素变化水平,现以弹齿数量 x_1、弹齿几何半径 x_2、弹齿旋转半径 x_3 为试验影响因素,以杂草除去率 y_1 为性能指标,运用三因素五水平二次旋转正交组合设计试验,获取弹齿工作的最佳几何参数组合,各因素水平编码见表 5 - 4。试验按照正交表进行设计,共 23 组试验,每组试验重复 3 次,取平均值记录,三因素五水平二次正交旋转组合设计正交表见表 5 -5。

表 5 - 4　因素水平编码表

编码	弹齿数量 x_1/个	弹齿几何半径 x_2/mm	弹齿旋转半径 x_3/mm
上星号臂(γ)	7	3.5	200
上水平(+1)	6	3	180
零水平(0)	5	2.5	150
下水平(-1)	4	2	120
下星号臂($-\gamma$)	3	1.5	100

表 5 -5　三因素五水平二次正交旋转组合设计正交表

试验号	x_0	x_1	x_2	x_3	y
1	1	1	1	1	y_1
2	1	1	1	-1	y_2
3	1	1	-1	1	y_3
4	1	1	-1	-1	y_4
5	1	-1	1	1	y_5
6	1	-1	1	-1	y_6
7	1	-1	-1	1	y_7
8	1	-1	-1	-1	y_8
9	1	-1.682	0	0	y_9
10	1	1.682	0	0	y_{10}
11	1	0	-1.682	0	y_{11}
12	1	0	1.682	0	y_{12}
13	1	0	0	-1.682	y_{13}
14	1	0	0	1.682	
15	1	0	0	0	y_{15}
16	1	0	0	0	y_{16}
17	1	0	0	0	y_{17}

表 5 – 5（续）

试验号	x_0	x_1	x_2	x_3	y
18	1	0	0	0	y_{18}
19	1	0	0	0	y_{19}
20	1	0	0	0	y_{20}
21	1	0	0	0	y_{21}
22	1	0	0	0	y_{22}
23	1	0	0	0	y_{23}

5.3.2 试验数据结果分析

二次回归正交旋转组合设计的 23 组试验方案与结果见表 5 –6。

表 5 – 6 二次正交旋转组合设计方案及结果

编号	试验因素			性能指标
	弹齿数量 x_1／个	弹齿几何半径 x_2／mm	弹齿旋转半径 x_3／mm	杂草除去率 y_1／%
1	4	2	120	49
2	6	2	120	74
3	4	3	120	76
4	6	3	120	79
5	4	2	180	90
6	6	2	180	91
7	4	3	180	90
8	6	3	180	92
9	3	2.5	150	80
10	7	2.5	150	85
11	5	1.5	150	74
12	5	3.5	150	94
13	5	2.5	100	43
14	5	2.5	200	90

表 5 – 6（续）

编号	试验因素			性能指标
	弹齿数量 x_1/个	弹齿几何半径 x_2/mm	弹齿旋转半径 x_3/mm	杂草除去率 y_1/%
15	5	2.5	150	88
16	5	2.5	150	85
17	5	2.5	150	89
18	5	2.5	150	82
19	5	2.5	150	81
20	5	2.5	150	86
21	5	2.5	150	84
22	5	2.5	150	86
23	5	2.5	150	90

5.3.3　各因素对杂草除去率的影响分析

1. 方差分析

利用数据处理软件 Design – Expert 对上述试验结果进行数据处理,获得弹齿数量 x_1、弹齿几何半径 x_2、弹齿旋转半径 x_3 三个因素对杂草除去率 y_1 的方差分析,结果见表 5 – 7。

表 5 – 7　杂草除去率方差分析

方差来源	平方和(SS)	自由度(DF)	均方(MS)	F	P
模型	3 270.36	9	363.37	20.11	<0.000 1 * * *
x_1	113.72	1	113.72	6.29	0.026 1 * *
x_2	325.14	1	325.14	18.00	0.001 0 * * *
x_3	1 970.48	1	1 970.48	109.07	<0.000 1 * * *
$x_1 x_2$	55.13	1	55.13	3.05	0.104 2
$x_1 x_3$	78.12	1	78.12	4.32	0.057 9
$x_2 x_3$	120.12	1	120.12	6.65	0.022 9 * *
x_1^2	4.12	1	4.12	0.23	0.640 9

表 5 - 7(续)

方差来源	平方和(SS)	自由度(DF)	均方(MS)	F	P
x_2^2	7.084×10^{-3}	1	7.084×10^{-3}	3.921×10^{-4}	0.984 5
x_3^2	604.12	1	604.12	33.44	$< 0.000\ 1***$
残差	234.86	13	18.07		
失拟项	160.86	5	32.17	3.48	0.057 6
纯误差	74.00	8	9.25		
总值	3 505.22	22			

注:***表示极显著($p < 0.01$);**表示显著($0.01 \leqslant p < 0.05$);*表示较显著($0.05 \leqslant p < 0.01$)。

2. 回归方程

根据试验数据,采用 DPS 数据处理系统,求得各因素与杂草除去率间的回归方程:

$$y = 85.60 + 2.896x_1 + 4.88x_2 + 12.01x_3 - 2.63x_1x_2 - 3.13x_1x_3 - 3.88x_2x_3 - $$
$$0.51x_1^2 + 0.021x_2^2 - 6.17x_3^2$$

式中　y——杂草除去率,%;

　　　x_1——弹齿数量,个;

　　　x_2——弹齿几何半径,mm;

　　　x_3——旋转半径,mm。

模型的 $P < 0.000\ 1$,表明关于杂草除去率的回归模型是显著的,该回归方程有意义;而失拟项的检验结果 $P = 0.984\ 5$,为不显著项,说明该回归方程的拟合情况较好,具有现实意义。其中,x_1、x_2、x_3、x_1^2、x_2^2、x_3^2、x_1x_2 对回归方程的影响显著,x_1x_3、x_2x_3 对回归方程的影响不显著。现将不显著因素 x_1x_3、x_2x_3 去除后,得到埋茬率的回归方程:

$$y = 85.31 + 2.89x_1 + 4.88x_2 + 12.01x_3 - 3.87x_2x_3 - 6.16x_3^2$$

3. 各因素交互作用对杂草除去率影响的等高线图与响应曲面图

为了能够直观地看出试验指标与各个因素之间的关系,通过 Design - Expert 软件得出对性能指标杂草除去率影响的等高线图和响应曲面图。

(1)弹齿数量与弹齿几何半径交互作用对杂草除去率的影响

弹齿数量与弹齿几何半径交互作用对杂草除去率影响的等高线图和响应曲面图如图 5 - 5 所示。由图可见,在弹齿数量与弹齿几何半径交互作用中,当弹齿数量一定时,杂草除去率随弹齿几何半径的增大而提高。当弹齿几何半径一定时,杂草除去率随弹齿数量的增加而增加,二者对杂草除去率的影响幅度相似;当弹齿数量和弹齿几何半径为 -1 水平时,杂草除去率出现最低值49%,杂草除去率最高值出现在弹齿数量和弹齿几何半径均为 +1 水平时,此时杂草除去率为93%。

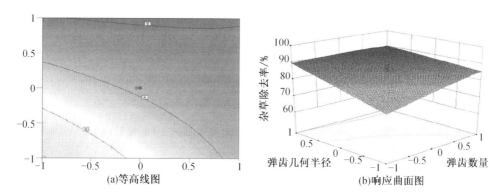

(a)等高线图　　(b)响应曲面图

图5-5　弹齿数量与弹齿几何半径交互作用对杂草除去率的影响

（2）弹齿旋转半径与弹齿数量交互作用对杂草除去率的影响

弹齿旋转半径与弹齿数量交互作用对杂草除去率影响的等高线图和响应曲面图如图5-6所示。由图可见,弹齿旋转半径与弹齿数量交互作用对杂草除去率的影响为上凸形曲面,当弹齿数量一定时,杂草除去率随弹齿旋转半径的增大而提高,弹齿旋转半径从 -1 水平到 0 水平之间提高幅度大于从 0 水平到 +1 水平;当弹齿旋转半径一定时,杂草除去率随弹齿数量的增加而提高,但提高幅度较小,当弹齿数量和弹齿旋转半径均为 -1 水平时,杂草除去率出现最低值45%,杂草除去率最高值出现在当弹齿数量为 -1 水平和弹齿旋转半径为 +1 水平时,此时杂草除去率为93%。

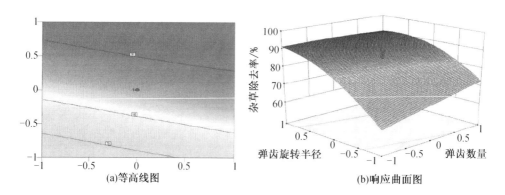

(a)等高线图　　(b)响应曲面图

图5-6　弹齿旋转半径与弹齿数量交互作用对杂草除去率的影响

（3）弹齿旋转半径与弹齿几何半径对杂草除去率的影响

弹齿旋转半径与弹齿几何半径交互作用对杂草除去率影响的等高线图和响应曲面图如图5－7所示。由图可见，弹齿旋转半径与弹齿几何半径交互作用对杂草除去率的影响为上凸形曲面，当弹齿几何半径一定时，杂草除去率随弹齿旋转半径的增大而提高，弹齿旋转半径从－1水平到0水平之间增加幅度大于从0水平到＋1水平；当弹齿旋转半径一定时，杂草除去率随弹齿几何半径的增大而提高，但提高幅度较小，当弹齿几何半径和弹齿旋转半径均为－1水平时，杂草除去率出现最低值48%，杂草除去率最高值出现在当弹齿几何半径为－1水平和弹齿旋转半径为＋1水平时，此时杂草除去率为90%。

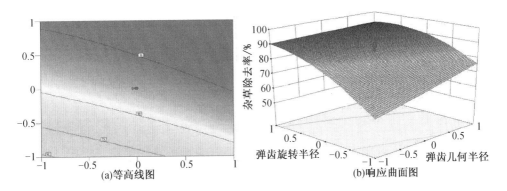

图5－7　弹齿旋转半径与弹齿几何半径对杂草除去率的影响

4.各因素对杂草除去率影响的重要性分析

通常采用贡献率法来判断各因素主次对指标 y 的影响关系，对于二次回归方程可求得回归系数的方差比 $F(j)$、$F(ij)$、$F(jj)$，令

$$\delta = \begin{cases} 0, & F \leqslant 1 \\ 1 - \dfrac{1}{F}, & F > 1 \end{cases}$$

通过公式可求得回归方程各因素对评价指标 y 的贡献率。第 j 个因素对 y 贡献率的计算公式如下：

$$\Delta_j = \delta_j + \frac{1}{2} \sum_m \delta_{ij} + \delta_{jj} \tag{5-1}$$

其中，δ_j 表示第 j 个因素一次项的贡献；δ_{jj} 表示第 j 个因素二次项中的贡献；δ_{ij} 表示交互项中的贡献，它的贡献平分后分别加到各个因素当中。通过比较贡献率 Δ_j 数值的大小，我们可以直观地判断出各个因素对评价指标 y 的影响主次和程度。

$F(1) = 6.29$, $\delta_1 = 0.84$

$F(2) = 18$, $\delta_2 = 0.94$

$F(3) = 109.07$, $\delta_3 = 0.99$

$F(12) = 3.05$, $\delta_{12} = 0.67$

$F(13) = 4.32$, $\delta_{13} = 0.77$

$F(23) = 6.65$, $\delta_{23} = 0.85$

$F(11) = 0.23$, $\delta_{11} = 0$

$F(22) = 0.039$, $\delta_{22} = 0$

$F(33) = 33.44$, $\delta_{33} = 0.97$

由公式可求得因素的贡献率为 $\Delta_1 = 1.79$、$\Delta_2 = 1.69$、$\Delta_3 = 1.995$,故弹齿数量 x_1、弹齿几何半径 x_2 和弹齿旋转半径 x_3 作用的大小顺序为 $\Delta_3 > \Delta_1 > \Delta_2$,即弹齿旋转半径 > 弹齿数量 > 弹齿几何半径。

5.3.4   最佳参数优化

通过对不同弹齿几何参数的单因素与多因素仿真试验研究,得到了各个试验因素对杂草除去率的影响趋势以及三个因素之间对性能指标的交互作用影响,分析并建立杂草除去率的回归方程。利用 Design - Expert 软件对杂草除去率进行优化求解,建立非线性规划的数学模型:

$$\begin{cases} \max y_1 \\ \text{s. t.} \\ 3 \text{ 个} \leqslant x_1 \leqslant 7 \text{ 个} \\ 1.5 \text{ mm} \leqslant x_2 \leqslant 3.5 \text{ mm} \\ 100 \text{ mm} \leqslant x_3 \leqslant 200 \text{ mm} \end{cases}$$

得出除草弹齿最佳尺寸参数组合:弹齿数量 5 个、弹齿几何半径 2 mm、弹齿旋转半径 110 mm。

5.4   本 章 小 结

本章杂草除去率为性能指标,利用 EDEM 进行了弹齿除草过程单因素及回归正交旋转组合试验,得出如下结论:

（1）以弹齿数量、弹齿几何半径、弹齿旋转半径为试验因素，以杂草除去率为性能指标，对除草弹齿进行单因素虚拟仿真试验研究，数量确定各影响因素对除草性能的影响规律及变化趋势。其中杂草除去率随弹齿数量的增多先提高后降低，当弹齿数量为5个时，杂草除去率较高；杂草除去率随弹齿数量的增多而降低，当弹齿几何半径小于2.5 mm时，杂草除去率随弹齿几何半径的增加幅度较大，在2.5～3 mm时，增加幅度变小；杂草除去率随弹齿旋转半径的增大先提高后降低，当弹齿旋转半径小于150 mm时，杂草除去率随弹齿几何半径的增大而降低，增加幅度较大，当弹齿旋转半径大于150 mm时，杂草除去率随弹齿几何半径的增大而降低。

（2）以弹齿数量、弹齿几何半径、弹齿旋转半径为试验因素，以杂草除去率为性能指标，选用二次正交旋转组合设计试验方案对除草弹齿进行多因素试验研究，得到其相应的回归方程、等高线与响应曲面，结果表明对杂草除去率影响的试验因素大小顺序为 $\Delta_3 > \Delta_1 > \Delta_2$，即弹齿旋转半径 > 弹齿数量 > 弹齿几何半径。

（3）通过对杂草除去率的优化求解得出该装置的最佳几何参数：弹齿数量为5个、弹齿几何半径为2 mm、弹齿旋转半径为110 mm。

第6章 水田除草机关键参数的试验研究

6.1 试验装置和方法

6.1.1 试验装置

试验装置如图6-1所示。该装置主要由弹齿盘、软轴传动弯管、链轮座、球铰联轴器、换向器、机架、悬挂系统等组成,总共有2套株间除草部件,左右两侧对称安装,弹齿呈曲线形,可以在垂直于前进方向的平面内转动,两盘的弹齿旋向和转动方向均相反。每套株间除草部件的两根钢丝软轴之间由一根轴相连接。

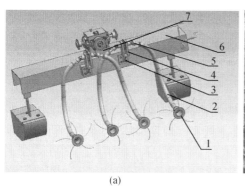 

(a)   (b)

1—弹齿盘;2—软轴传动弯管;3—链轮座;4—球铰联轴器;5—换向器;6—机架;7—悬挂系统。

图6-1 试验装置

6.1.2 试验方法

试验前,先确定试验区域,在试验区域标定出开始和结束位置,并量出距离,数出试验区域的株间杂草数量、秧苗数量(在试验区随机量出 3 段,数出每段秧苗数量,取平均值)以及自然倒苗数,同时按照相应的试验方案更换机器的相应参数。检测无误后,启动机器,空运转,使机器达到完好状态,经过一段距离的机器调试,待机器运转稳定后,即进入试验区,开始计时。在机器以一定速度前进的过程中,弹齿以一定的角速度旋转来完成株间除草。当机器运行到试验结束位置的时候,即完成一次试验,每次试验重复 3 次,取平均值。杂草除去率主要根据除草后试验区内杂草的数量来求得,根据统计除草前、后试验区内杂草数量与试验前试验区杂草的总数相除,就可以计算出杂草率;伤苗率和倒苗率主要根据除草后试验区内秧苗的数量求得,统计除草后试验区内倒伏以及受到损伤的秧苗数量,分别与试验前试验区内秧苗的总数相除,分别计为倒苗率和伤苗率,如图 6 - 2 所示。

　　　　　(a)　　　　　　　　　　　　　　　　　(b)

图 6 - 2　试验指标的测定

6.2　试 验 条 件

　　试验在黑龙江省绥化市庆安县王成明村进行,水稻秧苗品种为龙粳 26,秧苗插秧后第 13 天,秧苗株间距为 12 cm,泥浆层深度为 40 mm,泥土层深度为 165 ~ 170 mm,秧苗高度为 215 ~ 235 mm。杂草以稗草为主,稗草高度为 105 ~ 135 mm。试验田地况如图 6 - 3 所示。操作人员技术成熟,机器运行稳定。试验装置中弹齿断面直径、弹齿角速度、弹齿旋转半径均可调。根据以往研究结果,确定调整范围:弹齿断面直径为 2 ~ 6 mm,弹齿转速为 260 ~ 340 r/min,弹齿旋转半径为 90 ~ 120 mm。

(a)　　　　　　　　　　　　　　　　　　　　(b)

图 6 - 3　试验田地况

6.3　主要评定指标

　　根据同行研究经验,确定性能指标为杂草除去率、倒苗率、伤苗率。各指标与试验方法的说明与计算如下:

　　1. 杂草除去率

$$S_c = \frac{Y}{C} \times 100\% \tag{6-1}$$

式中　S_c——杂草除去率,%;
　　　　Y——试验地块除草后杂草总数量,颗;
　　　　C——试验地块中杂草总数量,颗。

　　2. 倒苗率

$$S_d = \frac{D}{M} \times 100\% \tag{6-2}$$

式中　S_d——倒苗率,%;
　　　　D——试验地块除草后倒苗数量,颗;
　　　　M——试验地块水稻秧苗总数量,颗;
　　　　Y——试验地块除草后杂草总数量,颗。

　　2. 伤苗率

$$S_m = \frac{S}{M} \times 100\% \tag{6-3}$$

式中　S_m——伤苗率,%;
　　　　S——试验地块除草后受损伤的水稻秧苗数量,颗(S 的判定方法:主根和次根受到损伤的数量）；

M——试验地块水稻秧苗总数量，颗。

6.4　单因素的试验研究

6.4.1　弹齿角速度的试验研究

1. 试验条件

根据以往的研究结果，水稻秧苗直径为 2.76 ~ 2.95 mm，水稻秧苗高度为 260 ~ 330 mm，稗草直径为 2.46 ~ 2.72 mm，稗草高度为 123.23 ~ 156.25 mm，水稻秧苗许用应力为 0.48 ~ 0.52 MPa，稗草许用应力为 0.39 ~ 0.43 MPa，弹齿旋转半径为 110 mm，弹齿直径为 5 mm，弹齿材料为 65MN，弹齿数量为 5 个，除草深度为 40 mm，弹齿转速分别为 200 r/min、230 r/min、260 r/min、290 r/min、320 r/min、350 r/min，除草机前进速度为 0.43 m/s。

2. 试验结果与分析

①运用 Design - expert 软件分析得出弹齿角速度对杂草除去率的影响，得到弹齿角速度关于杂草除去率的非线性回归方程：

$$y_1 = 0.000\ 9x_2^2 + 0.586x_2 - 15.437 \tag{6-4}$$

通过非线性回归方程（6-4），可分析得出弹齿角速度对杂草除去率的影响：弹齿角速度越大，杂草除去率越低；随着弹齿角速度的增大，其对杂草除去率的影响越来越大。运用 Design - expert 软件分析得出的弹齿角速度与杂草除去率的关系如图 6-4 所示。

②运用 Design - expert 软件分析得出弹齿角速度对伤苗率的影响，得到弹齿角速度关于伤苗率的非线性回归方程：

$$y_3 = 0.000\ 2x_2^2 - 0.058\ 9x_2 + 8.482 \tag{6-5}$$

通过非线性回归方程（6-5），可分析得出弹齿角速度对伤苗率的影响：弹齿角速度越大，伤苗率越高；随着弹齿角速度的增大，其对伤苗率的影响越来越大。运用 Design - expert 软件分析得出的弹齿角速度与伤苗率的关系如图 6-5 所示。

由图 6-4 可知，杂草除去率随弹齿转速的增加而提高，当弹齿转速小于 290 r/min 时，杂草除去率增加幅度较大；当弹齿转速大于 290 r/min 时，杂草除去率提高幅度较小，趋近于水平线。由图 6-5 可知，伤苗率随弹齿转速的增大而提高,当弹齿转速小于 290 r/min 时,伤苗率随弹齿转速的增大而提高的幅度较小;当弹齿转速大于 290 r/min 时,伤苗率随弹齿转速的增大而提高的幅度较大。综合考虑,弹齿转速取 290 r/min。

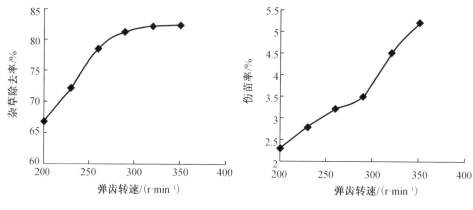

图 6－4　弹齿转速对杂草除去率的　　　　　图 6－5　弹齿转速与伤苗率的
　　　　影响关系曲线　　　　　　　　　　　　　影响关系曲线

6.4.2　弹齿数量的试验研究

1. 试验条件

根据以往的研究结果,水稻秧苗直径为 2.95 mm,水稻秧苗高度为 330 mm,稗草直径为 2.72 mm,稗草高度为 156.25 mm,水稻秧苗许用应力为 0.52 MPa,稗草许用应力为 0.43 MPa,弹齿旋转半径为 110 mm,弹齿直径为 5 mm,弹齿材料为 65MN,除草深度为 40 mm,弹齿数量分别为 3 个、4 个、5 个、6 个、7 个、8 个,弹齿转速为 290 r/min,除草机前进速度为 0.43 m/s。

2. 试验数据统计及分析

①运用 Design－expert 软件分析得出弹齿数量对杂草除去率的影响,得到弹齿数量关于杂草除去率的非线性回归方程:

$$y_1 = -1.292\ 9x_4^2 + 18.833x_4 + 10.766 \qquad (6-6)$$

通过非线性回归方程(6－6),可分析得出弹齿数量对杂草除去率的影响:弹齿数量越大,杂草除去率越高;随着弹齿数量的增加,其对杂草除去率的影响越来越小。运用 Design－expert 软件分析得出的弹齿数量与杂草除去率的关系如图 6－6 所示。

②运用 Design－expert 软件分析得出弹齿数量对伤苗率的影响,得到弹齿数量

关于伤苗率的非线性回归方程：

$$y_3 = -0.026\ 4x_4^2 + 0.849\ 3x_4 - 0.152\ 9 \tag{6-7}$$

通过非线性回归方程(6-7)，可分析得出弹齿数量对伤苗率的影响：弹齿数量越大，伤苗率越高；随着弹齿数量的增加，其对伤苗率的影响越来越大。运用Design-expert 软件分析得出的弹齿数量与伤苗率的关系如图 6-7 所示。

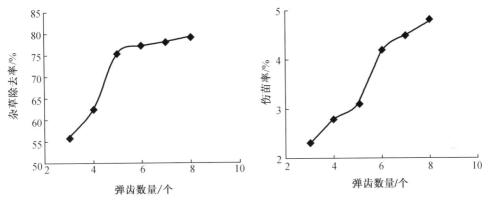

图 6-6　弹齿数量对杂草除去率的　　　　　图 6-7　弹齿数量对伤苗率的
　　　　影响关系曲线　　　　　　　　　　　　影响关系曲线

由图 6-6 可知，杂草除去率随弹齿数量的增加而升高，当弹齿数量少于 5 个时，杂草除去率随弹齿数量增加而提高的幅度较大；当弹齿数量多于 5 个时，杂草除去率随弹齿数量增加而提高的幅度较小，趋近于水平线。由图 6-7 可知，伤苗率随弹齿数量的增加而提高，当弹齿数量少于 5 个时，伤苗率提高的幅度大于弹齿数量多于 5 个时的。综合考虑，弹齿数量取为 5 个。

6.4.3　弹齿旋转半径的试验研究

1.试验条件

根据以往的研究结果，水稻秧苗直径为 2.95 mm，水稻秧苗高度为 330 mm，稗草直径为 2.72 mm，稗草高度为 156.25 mm，水稻秧苗许用应力为 0.52 MPa，稗草许用应力为 0.43 MPa，弹齿直径为 5 mm，弹齿材料为 65MN，弹齿数量为 5 个，弹齿转速为 290 r/min，除草深度为 40 mm，除草机前进速度为 0.43 m/s，弹齿旋转半径分别为 140 mm、130 mm、120 mm、110 mm、100 mm、90 mm、80 mm。

2.实验数据统计及分析

①运用 Design-expert 软件分析得出弹齿旋转半径对杂草除去率的影响，得到

弹齿旋转半径关于杂草除去率的非线性回归方程：

$$y_1 = -0.018\ 2x_3^2 + 4.846\ 6x_3 - 231.85 \tag{6-8}$$

通过非线性回归方程(6-8)，可分析得出弹齿旋转半径对杂草除去率的影响：弹齿旋转半径越大，杂草除去率越高；随着弹齿旋转半径的增大，其对杂草除去率的影响越来越大。运用 Design - expert 软件分析得出的弹齿旋转半径与杂草除去率的关系如图6-8所示。

②运用 Design - expert 软件分析得出弹齿旋转半径对伤苗率的影响，得到弹齿旋转半径关于伤苗率 y_2 的非线性回归方程：

$$y_3 = 0.000\ 7x_3^2 - 0.111\ 6x_3 + 4.894\ 3 \tag{6-9}$$

通过非线性回归方程(6-9)，可分析得出弹齿旋转半径对伤苗率的影响：弹齿旋转半径越大，杂草除去率越高；随着弹齿旋转半径的增大，其对伤苗率的影响越来越大。运用 Design - expert 软件分析得出的弹齿旋转半径与伤苗率的关系如图6-9所示。

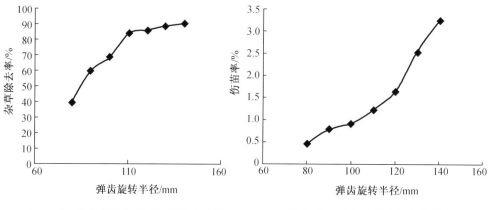

图6-8　弹齿旋转半径对杂草除去率的
**　　　影响关系曲线**

图6-9　弹齿旋转半径与伤苗率的
**　　　影响关系曲线**

由图6-8可知，杂草除去率随弹齿旋转半径的增大而提高，当弹齿旋转半径小于110 mm 时，杂草除去率随弹齿旋转半径的增大而提高的幅度较大；当弹齿旋转半径大于110 mm 时，杂草除去率随弹齿旋转半径增大而提高的幅度变小。由图6-9可知，伤苗率随弹齿旋转半径的增大而提高，弹齿旋转半径小于110 mm 时伤苗率增加的幅度小于弹齿旋转半径大于110 mm 时的。综合图6-8、图6-9看出，杂草除去率最高发生在弹齿旋转半径为150 mm 时，但此时伤苗率亦达到了最大值的，因此综合考虑杂草除去率和伤苗率后，取弹齿旋转半径110 mm 为多因素的0水平。

6.4.4　弹齿断面直径的试验研究

1. 试验条件

根据以往的研究结果,水稻秧苗直径为 2.95 mm,水稻秧苗高度为 330 mm,稗草直径为 2.72 mm,稗草高度为 156.25 mm,水稻秧苗许用应力为 0.52 MPa,稗草许用应力为 0.43 MPa,弹齿旋转半径为 110 mm,弹齿材料为 65MN,弹齿数量为 5 个,弹齿转速为 290 r/min,除草深度为 40 mm,除草机前进速度为 0.43 m/s,弹齿直径分别为 2 mm、3 mm、4 mm、5 mm、6 mm、7 mm、8 mm。

2. 试验数据统计及分析

①运用 Design - expert 软件分析得出除草机前进速度对杂草除去率的影响,得出弹齿断面直径关于杂草除去率的非线性回归方程:

$$y_1 = -3.302\ 1x_1^2 + 41.624x_1 - 37.361 \qquad (6-10)$$

通过非线性回归方程(6-10),可分析得出弹齿断面直径对杂草除去率的影响:弹齿断面直径越大,杂草除去率越高;随着弹齿断面直径的增大,其对杂草除去率的影响越来越大。运用 Design - expert 软件分析得出的弹齿断面直径与杂草除去率的关系如图 6-10 所示。

②运用 Design - expert 软件分析得出弹齿断面直径对伤苗率的影响,得到弹齿断面直径关于伤苗率的非线性回归方程:

$$y_3 = 0.300\ 4x_1^2 - 1.128\ 4x_1 + 1.356 \qquad (6-11)$$

通过非线性回归方程(6-11),可分析得出弹齿断面直径对伤苗率的影响:弹齿断面直径越大,伤苗率越高;随着弹齿断面直径的增大,其对伤苗率的影响越来越大。运用 Design - expert 软件分析得出的弹齿断面直径与伤苗率的关系如图 6-11 所示。

由图 6-10 可知,杂草除去率随弹齿断面直径的增大而提高,当弹齿断面直径小于 4 mm 时,杂草除去率随弹齿断面直径的增大而提高的幅度较大;当弹齿断面直径大于 4 mm 时,杂草除去率随弹齿断面直径的增大而提高的幅度变小。由图 6-11 可知,伤苗率随弹齿断面直径的增大而提高,弹齿断面直径小于 4 mm 时伤苗率增加的幅度小于弹齿断面直径大于 4 mm 时的。综合图 6-10、图 6-11 可以看出,杂草除去率最高发生在弹齿断面直径为 7 mm 时,但此时伤苗率亦达到了最大值,因此综合考虑杂草除去率和伤苗率后,取弹齿断面直径 4 mm 为多因素的 0 水平。

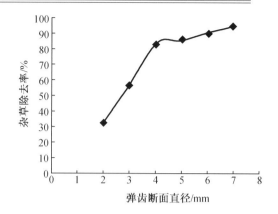

图6-10   弹齿断面直径对杂草除去率的影响关系曲线

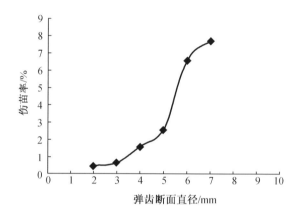

图6-11   弹齿断面直径与伤苗率的影响关系曲线

6.4.5 除草机前进速度的试验研究

1.试验条件

根据以往的研究结果,水稻秧苗茎部断面直径为 2.76 ~ 2.95 mm,水稻秧苗高度为 260 ~ 330 mm,稗草茎部断面直径为 2.46 ~ 2.72 mm,稗草高度为 123.23 ~ 156.25 mm,水稻秧苗许用应力为 0.48 ~ 0.52 MPa,稗草许用应力为 0.39 ~ 0.43 MPa,弹齿旋转半径为 110 mm,弹齿断面直径为 5 mm,弹齿材料 65 MN,弹齿数量为 5 个,弹齿转速为 290 r/min,除草深度为 40 mm,除草机前进速度分别为 0.40 m/s、0.45 m/s、0.50 m/s、0.55m/s、0.60 m/s。

2.试验数据统计及分析

①运用 Design - expert 软件分析得出除草机前进速度对杂草除去率的影响,得

到除草机前进速度关于杂草除去率的非线性回归方程：

$$y_1 = -2.82x_5^2 + 75.20 \qquad (6-12)$$

通过非线性回归方程(6-12)，可分析得出除草机前进速度对行间杂草除去率的影响：除草机前进速度越大，杂草除去率越低；随着除草机前进速度的增大，其对杂草除去率的影响越来越大。运用 Design-expert 软件分析得出的除草机前进速度与杂草除去率的关系如图 6-12 所示。

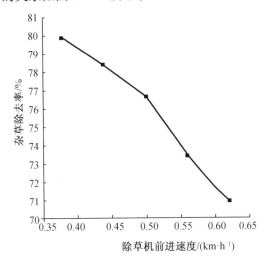

图 6-12　除草机前进速度与杂草除去率的关系

②运用 Design-expert 软件分析得出除草机前进速度对伤苗率的影响，得出除草机前进速度关于伤苗率的非线性回归方程：

$$y_3 = -0.20x_5^2 - 1.35x_2 + 4.15 \qquad (6-13)$$

通过非线性回归方程(6-13)，可分析得出除草机前进速度对伤苗率的影响：除草机前进速度越大，伤苗率越低；随着除草机前进速度的增大，其对伤苗率的影响越来越大。运用 Design-expert 软件分析得出的除草机前进速度与伤苗率的关系如图 6-13 所示。

由图 6-12 可知，杂草除去率随除草机前进速度的增大而降低，当除草机前进速度小于 0.5 m/s 时，杂草除去率降低幅度较小；当除草机前进速度大于 0.5 m/s 时，杂草除去率降低幅度较大，趋近于斜直线。由图 6-13 可知，伤苗率随除草机前进速度的增大而提高，当除草机前进速度小于 0.5 m/s 时，伤苗率随除草机前进速度的增大而提高的幅度较大，近似斜直线；当除草机前进速度大于 0.5 m/s 时，伤苗率随除草机前进速度的增大而略有降低。综合考虑，除草机前进速度不宜大于 0.5 m/s,参考相关文献,本次试验确定为 0.43 m/s。

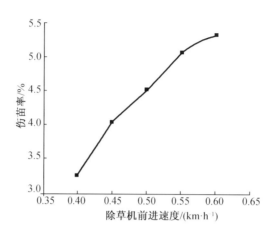

图 6 – 13 除草机前进速度与伤苗率的关系

6.4.6 除草深度的试验研究

1. 试验条件

根据以往的研究结果,水稻秧苗茎部断面直径为 2.76 ~ 2.95 mm,水稻秧苗高度为 260 ~ 330 mm,稗草茎部断面直径为 2.46 ~ 2.72 mm,稗草高度为 123.23 ~ 156.25 mm,水稻秧苗许用应力 0.48 ~ 0.52 MPa,稗草许用应力 0.39 ~ 0.43 MPa,弹齿旋转半径为 110 mm,弹齿断面直径为 5 mm,弹齿材料 65MN,弹齿数量为 5 个,弹齿转速为 290 r/min,除草机前进速度为 0.43 m/s,除草深度分别为 25 mm、30 mm、35 mm、40 mm、45 mm、50 mm。

2. 试验数据统计及分析

①运用 Design – expert 软件分析得出除草深度对杂草除去率的影响,得到除草深度关于杂草除去率的非线性回归方程:

$$y_1 = 0.85x_6^2 + 3.24x_6 + 75.20 \qquad (6 - 14)$$

通过非线性回归方程(6 – 14),可分析得出除草深度对杂草除去率的影响:除草深度越深杂草除去率越高;随着除草深度的加深,对杂草除去率的影响越来越大。Design – expert 软件分析得出的刀盘转速与杂草除去率的关系,如图 6 – 14 所示。

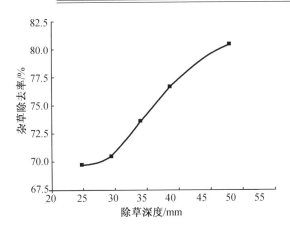

图 6 – 14　除草深度与杂草除去率的关系

②运用 Design – expert 软件分析得出除草深度对伤苗率的影响,得到除草深度关于伤苗率的非线性回归方程:

$$y_3 = -0.20x_6^2 + 1.55x_6 + 4.15 \qquad (6-15)$$

通过非线性回归方程(6 – 15),可分析得出除草深度对伤苗率的影响:除草深度越大,伤苗率越高;随着除草深度的增大,其对伤苗率的影响越来越小。运用 Design – expert 软件分析得出的除草深度与伤苗率的关系如图 6 – 15 所示。

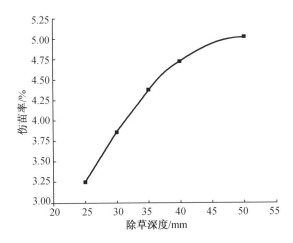

图 6 – 15　除草深度与伤苗率的关系

由图 6 - 14 可知,杂草除去率随除草深度的增大而提高,当除草深度小于 30 mm 时,杂草除去率提高幅度较小,变化幅度近似直线;当除草深度在 30 ~ 35 mm 之间变化时,杂草除去率提高幅度较大,近似斜直线;当除草深度大于 40 mm 时,杂草除去率随除草深度的变化幅度有所降低。由图 6 - 15 可知,伤苗率随除草深度的增大而呈现外凸形抛物线,当除草深度小于 40 mm 时,伤苗率随除草深度的增大而提高的幅度较大,近似斜直线;当除草深度小于 40 mm 时,伤苗率随除草深度的增大而提高的幅度变弱。综合考虑,除草深度取 40 mm。

6.5　多因素的试验研究

6.5.1　试验方案

根据上述单因素试验数据结果,合理选择各因素数据的变化范围,确定出因素变化水平,现以弹齿断面直径 x_1、弹齿转速 x_2 和弹齿旋转半径 x_3 为试验影响因素,以杂草除去率 y_1、倒苗率 y_2、伤苗率 y_3 为指标,运用三因素五水平二次正交旋转组合设计试验,各因素水平编码见表 6 - 1。试验按照正交表进行设计,共 23 组试验,每组试验重复 3 次,取平均值记录。三因素五水平二次正交旋转组合设计表见表 6 - 2。

表 6 - 1　各因素水平编码表

编码值	因素水平		
x_j	弹齿断面直径/mm	弹齿转速/$(r \cdot min^{-1})$	弹齿旋转半径/mm
上星号臂(γ)	6	340	127
上水平(+1)	5	320	120
零水平(0)	4	290	110
下水平(-1)	3	260	100
下星号臂($-\gamma$)	2	240	93

表 6 – 2　三因素五水平二次正交旋转组合设计表

试验号	x_0	x_1	x_2	x_3	y
1	1	1	1	1	y_1
2	1	1	1	– 1	y_2
3	1	1	– 1	1	y_3
4	1	1	– 1	– 1	y_4
5	1	– 1	1	1	y_5
6	1	– 1	1	– 1	y_6
7	1	– 1	– 1	1	y_7
8	1	– 1	– 1	– 1	y_8
9	1	– 1.682	0	0	y_9
10	1	1.682	0	0	y_{10}
11	1	0	– 1.682	0	y_{11}
12	1	0	1.682	0	y_{12}
13	1	0	0	– 1.682	y_{13}
14	1	0	0	1.682	y_{14}
15	1	0	0	0	y_{15}
16	1	0	0	0	y_{16}
17	1	0	0	0	y_{17}
18	1	0	0	0	y_{18}
19	1	0	0	0	y_{19}
20	1	0	0	0	y_{20}
21	1	0	0	0	y_{21}
22	1	0	0	0	y_{22}
23	1	0	0	0	y_{23}

6.5.2　试验结果

1. 试验安排和试验数据

三因素五水平二次正交旋转组合设计方案及结果见表 6 – 3。

表 6-3　三因素五水平二次正交旋转组合设计方案及结果

序号	弹齿断面直径/mm	弹齿转速/(r·min⁻¹)	弹齿旋转半径/mm	杂草除去率/%	倒苗率/%	伤苗率/%
1	5	320	120	93.44	18.12	7.65
2	5	320	100	68.89	8.56	3.26
3	5	260	120	94.11	17.56	6.56
4	5	260	100	72.23	7.12	2.56
5	3	320	120	71.89	7.86	2.67
6	3	320	100	38.12	0.56	1.67
7	3	260	120	65.89	6.23	2.45
8	3	260	100	40.44	0.00	0.00
9	2	290	110	46.23	1.23	0.56
10	6	290	110	97.52	16.56	6.58
11	4	240	110	59.22	6.98	2.56
12	4	340	110	53.89	7.86	3.34
13	4	290	93	60.12	0.78	0.89
14	4	290	127	96.33	15.86	5.65
15	4	290	110	88.89	3.56	1.12
16	4	290	110	91.44	2.23	1.23
17	4	290	110	83.33	2.12	1.02
18	4	290	110	90.44	3.56	1.23
19	4	290	110	88.89	4.25	1.56
20	4	290	110	82.22	4.12	1.12
21	4	290	110	83.33	4.65	1.08
22	4	290	110	83.33	4.12	1.13
23	4	290	110	85.16	2.05	1.89

2. 方差分析

利用数据处理软件 Design - Expert 对上述试验结果进行数据处理,获得弹齿断面直径 x_1、弹齿转速 x_2 和弹齿旋转半径 x_3 三个因素分别对杂草除去率 y_1、倒苗率 y_2、伤苗率 y_3 的方差分析,结果见表 6-4、表 6-5、表 6-6。

表 6 - 4　杂草除去率回归模型方差分析

方差来源	平方和	自由度	均方	F	P	显著性
模型	7 218.59	9	802.07	75.49	<0.000 1	
x_1	2 887.76	1	2 887.76	271.8	<0.000 1	
x_2	6.32	1	6.32	0.6	0.454 2	
x_3	2 031.08	1	2 031.08	191.17	<0.000 1	
$x_1 x_2$	7.39	1	7.39	0.7	0.419 3	
$x_1 x_3$	20.45	1	20.45	1.92	0.188 7	
$x_2 x_3$	15.1	1	15.1	1.42	0.254 5	
$x_1 x_1$	405.35	1	405.35	38.15	<0.000 1	
$x_2 x_2$	1 740.89	1	1 740.89	163.86	<0.000 1	
$x_3 x_3$	125.08	1	125.08	11.77	0.004 5	
残差	138.12	13	10.62			
失拟性	36.75	5	7.35	0.58	0.715 7	
误差	101.37	8	12.67			
总和	7 356.7	22				

表 6 - 5　倒苗率回归模型方差分析

方差来源	平方和	自由度	均方	F	P	显著性
模型	677.19	9	75.24	104.13	<0.000 1	
x_1	285.95	1	285.95	395.72	<0.000 1	
x_2	2.35	1	2.35	3.26	0.094 3	
x_3	253.95	1	253.95	351.44	<0.000 1	
$x_1 x_2$	0.004 513	1	0.004 513	0.006 245	0.938 2	
$x_1 x_3$	5.23	1	5.23	7.24	0.018 5	
$x_2 x_3$	0.004 513	1	0.004 513	0.006 245	0.938 2	
$x_1 x_1$	56.65	1	56.65	78.4	<0.0001	
$x_2 x_2$	29.68	1	29.68	41.07	<0.000 1	
$x_3 x_3$	45.11	1	45.11	62.42	<0.000 1	
残差	9.39	13	0.72			
失拟性	1.19	5	0.24	0.23	0.937 6	

表 6 - 5(续)

方差来源	平方和	自由度	均方	F	P	显著性
误差	8.2	8	1.03			
总和	686.59	22				

表 6 - 6　伤苗率回归模型方差分析

方差来源	平方和	自由度	均方	F	P	显著性
模型	97.25	9	10.81	107.43	<0.000 1	
x_1	39.97	1	39.97	397.39	<0.000 1	
x_2	1.82	1	1.82	18.14	0.000 9	
x_3	28.84	1	28.84	286.7	<0.000 1	
$x_1 x_2$	0.001 25	1	0.001 25	0.012	0.912 9	
$x_1 x_3$	3.05	1	3.05	30.33	0.000 1	
$x_2 x_3$	0.14	1	0.14	1.4	0.258 5	
$x_1 x_1$	10.39	1	10.39	103.25	<0.000 1	
$x_2 x_2$	5.52	1	5.52	54.85	<0.000 1	
$x_3 x_3$	7.84	1	7.84	77.94	<0.000 1	
残差	1.31	13	0.1			
失拟性	0.67	5	0.13	1.7	0.241	
误差	0.63	8	0.079			
总和	98.56	22				

3. 回归方程

根据表 6 - 3 的试验数据,采用 DPS 数据处理系统,求得各因素与性能指标间的回归方程。

(1)杂草除去率

$$y = 86.33 + 14.54 x_1 - 0.68 x_2 + 12.19 x_3 - 5.05 x_1^2 - 10.47 x_2^2 - 2.81 x_3^2 -$$
$$0.96 x_1 x_2 - 1.59 x_1 x_3 + 1.37 x_2 x_3 \tag{6-16}$$

(2)倒苗率

$$y = 3.41 + 4.58 x_1 + 0.42 x_2 + 4.31 x_3 + 1.89 x_1^2 + 1.37 x_2^2 + 1.68 x_3^2 - 0.02 x_1 x_2 +$$
$$0.81 x_1 x_3 + 0.02 x_2 x_3 \tag{6-17}$$

（3）伤苗率

$$y = 1.27 + 1.71x_1 + 0.37x_2 + 1.45x_3 + 0.81x_1^2 + 0.59x_2^2 + 0.71x_3^2 - 0.01x_1x_2 +$$
$$0.62x_1x_3 - 0.13x_2x_3 \tag{6-18}$$

4. 回归方程显著性检验

回归方程显著性检验列于表 6 - 6 和表 6 - 7 中。

由表 6 - 7 可知，$F_1 < F_{0.05}$ 是不显著的，方程拟合得好。

由表 6 - 8 可知，$F_2 > F_{0.01}$ 是显著的，方程有意义。

表 6 - 7　F_1 检验表

回归方程	F_1 计算值	比较条件	F 查表值	说明
杂草除去率	0.58	<	$F_{0.05} = 3.69$	不显著
倒苗率	0.232	<	$F_{0.05} = 3.69$	不显著
伤苗率	1.697	<	$F_{0.05} = 3.69$	不显著

表 6 - 8　F_2 检验表及贡献率

回归方程	F_2 计算值	比较条件	F 查表值	说明	贡献率
杂草除去率	75.493	>	$F_{0.01} = 4.17$	显著	$x_1 = 2.876, x_2 = 1.898, x_3 = 2.93$
倒苗率	104.126	>	$F_{0.01} = 4.17$	显著	$x_1 = 2.415, x_2 = 1.668, x_3 = 2.412$
伤苗率	107.429	>	$F_{0.01} = 4.17$	显著	$x_1 = 2.471, x_2 = 2.067, x_3 = 1.984$

进行 t 检验，$\alpha = 0.5$ 时剔除不显著水平，原回归方程如下：

（1）杂草除去率

$$y_1 = 86.33 + 14.54x_1 + 12.19x_3 - 5.05x_1^2 - 10.47x_2^2 - 2.81x_3^2 \tag{6-19}$$

（2）倒苗率

$$y_2 = 3.41 + 4.58x_1 + 4.31x_3 + 1.89x_1^2 + 1.37x_2^2 + 1.68x_3^2 \tag{6-20}$$

（3）伤苗率

$$y_3 = 1.27 + 1.71x_1 + 0.37x_2 + 1.45x_3 + 0.81x_1^2 + 0.59x_2^2 + 0.71x_3^2 + 0.62x_1x_3 \tag{6-21}$$

5. 影响性能指标的各因素重要性分析

通常采用贡献率法来判定因素主次及其对 y 的影响程度。对于二次回归方

程,可求出各回归系数的方差比 $F(j)$、$F(ij)$、$F(jj)$,令

$$\delta = \begin{cases} 0, & F \leqslant 1 \\ 1 - \dfrac{1}{F}, & F > 1 \end{cases} \qquad (6-22)$$

通过式(6-19)可求得回归方程各因素对评价指标 y 贡献率的大小。对于第 j 个因素,其对 y 贡献率的计算公式如下:

$$\Delta_j = \delta_j + \frac{1}{2}\sum_m \delta_{ij} + \delta_{jj} \qquad (6-23)$$

其中,δ_j 表示第 j 个因素一次项的贡献,δ_{jj} 表示第 j 个因素二次项中的贡献,δ_{ij} 表示交互项中的贡献,它的贡献平分后分别加到各个因素当中。通过比较贡献率 Δ_j 数值的大小,我们可以直观地判断出各个因素对评价指标 y 的影响主次和程度。

（1）杂草除去率

根据以上公式,求得本次试验中各回归系数检验方差比和贡献如下：

$F(1) = 271.804$　　　$\delta_1 = 0.996$

$F(2) = 0.595$,　　　$\delta_2 = 0$

$F(3) = 191.171$,　　$\delta_3 = 0.995$

$F(11) = 36.79$,　　　$\delta_{11} = 0.972$

$F(22) = 1\,723.15$,　$\delta_{22} = 0.999$

$F(33) = 115.77$,　　$\delta_{33} = 0.991$

$F(12) = 7.39$,　　　$\delta_{12} = 0.864$

$F(13) = 20.45$,　　　$\delta_{13} = 0.951$

$F(23) = 15.09$,　　　$\delta_{23} = 0.934$

由式(6-20)可得各因素的贡献率分别为 $\Delta_1 = 2.876$,$\Delta_2 = 1.898$,$\Delta_3 = 2.93$。因此弹齿断面直径 x_1、弹齿转速 x_2 和弹齿旋转半径 x_3 对杂草除去率作用的大小顺序为 $\Delta_3 > \Delta_1 > \Delta_2$,即弹齿旋转半径 > 弹齿断面直径 > 弹齿转速。

（2）倒苗率

根据以上公式,求得本次试验中各回归系数检验方差比和贡献如下：

$F(1) = 395.72,\qquad \delta_1 = 0.997$

$F(2) = 3.257,\qquad \delta_2 = 0.693$

$F(3) = 351.435,\qquad \delta_3 = 0.997$

$F(11) = 76.67,\qquad \delta_{11} = 0.987$

$F(22) = 39.61,\qquad \delta_{22} = 0.975$

$F(33) = 60.78,\qquad \delta_{33} = 0.984$

$F(12) = 0.006,\qquad \delta_{12} = 0$

$F(13) = 7.24,\qquad \delta_{13} = 0.862$

$F(23) = 0.006,\qquad \delta_{23} = 0$

由式(6-20)可得各因素的贡献率分别为 $\Delta_1 = 2.415, \Delta_2 = 1.668, \Delta_3 = 2.412$。因此弹齿断面直径 x_1、弹齿转速 x_2 和弹齿旋转半径 x_3 对杂草除去率作用的大小顺序为 $\Delta_1 > \Delta_3 > \Delta_2$，即弹齿断面直径 > 弹齿旋转半径 > 弹齿转速。

(3) 伤苗率

根据以上公式，求得本次试验中各回归系数检验方差比和贡献如下：

$F(1) = 397.39\qquad \delta_1 = 0.997$

$F(2) = 18.14,\qquad \delta_2 = 0.945$

$F(3) = 286.69,\qquad \delta_3 = 0.997$

$F(11) = 101.01,\qquad \delta_{11} = 0.99$

$F(22) = 52.94,\qquad \delta_{22} = 0.981$

$F(33) = 75.83,\qquad \delta_{33} = 0.987$

$F(12) = 0.012,\qquad \delta_{12} = 0$

$F(13) = 30.33,\qquad \delta_{13} = 0.967$

$F(23) = 1.39,\qquad \delta_{23} = 0.281$

由式(6-20)可得各因素的贡献率分别为 $\Delta_1 = 2.471, \Delta_2 = 2.067, \Delta_3 = 1.984$。因此弹齿断面直径 x_1、弹齿转速 x_2 和弹齿旋转半径 x_3 对伤苗率作用的大小顺序为 $\Delta_1 > \Delta_2 > \Delta_3$，即弹齿断面直径 > 弹齿转速 > 弹齿旋转半径。

6. 试验因素对性能指标影响的图形分析

图 6-16 ~ 图 6-18 所示为降维分析得到的单、双因素对性能指标影响关系曲线。单因素曲线是利用多元二次回归模型

$$y = b_0 + \sum_{j=1}^{m} b_j x_j + \sum_{i \leqslant j} b_{ij} x_i x_j + \sum_{j=1}^{m} b_{jj} x_j^2$$

其中固定$(m-1)$个元素,可导出单变量的回归子模型

$$y = a_0 + a_s x_s + a_{ss} x_s^2$$

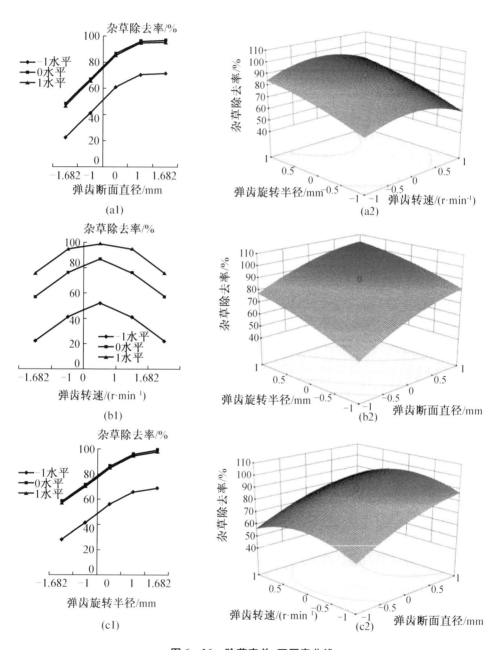

图 6-16　除草率单、双因素曲线

分析中将其他几个因素分别固定在 $-1,0,+1$ 水平上。双因素曲线是在 m 个因素的二次回归模型中,固定 $(m-2)$ 个因素,可得到两个因素与指标的回归子模型

$$y = a_0 + a_s x_s + a_t x_t + a_{st} x_s x_t + a_{ss} x_s^2 + a_{tt} x_t^2$$

用双因素曲面图的方法来描述两个因素对指标的效应,获得对性能指标的影响。

(1)对杂草除去率的影响分析

当弹齿转速和弹齿旋转半径处于 $+1,0,-1$ 水平时,弹齿断面直径对杂草除去率的影响如图 6 - 16(a1)所示。由图可知,当弹齿转速和弹齿旋转半径水平固定时,杂草除去率随着弹齿断面直径的增大而提高。当弹齿断面直径处于在 $+1$ 水平以下时,杂草除去率随弹齿断面直径的增大呈线性提高,增加幅度较大;当弹齿断面直径处于在 $+1 \sim +1.682$ 水平时,杂草除去率随弹齿断面直径的增加幅度较小。弹齿转速和弹齿旋转半径处于 $+1$ 和 0 水平时,杂草除去率高于弹齿转速和弹齿旋转半径处于 -1 水平时的。

当弹齿断面直径和弹齿旋转半径处于 $+1,0,-1$ 水平时,弹齿转速对杂草除去率的影响如图 6 - 16(b1)所示。由图可知,当弹齿断面直径和弹齿旋转半径固定时,杂草除去率随着弹齿转速的逐渐增大先提高后降低。当弹齿转速小于 0 水平时,杂草除去率随弹齿转速增大而提高;当弹齿转速大于 0 水平时,杂草除去率随弹齿转速增大而降低,杂草除去率最高处发生在弹齿转速为 0 水平左右。其中弹齿断面直径和弹齿旋转半径处于 -1 水平时,杂草除去率随弹齿转速的变化幅度大于弹齿断面直径和弹齿旋转半径处于 $+1$ 和 0 水平时的。

当弹齿断面直径和弹齿转速处于 $+1,0,-1$ 水平时,弹齿旋转半径对杂草除去率的影响如图 6 - 16(c1)所示。由图可知,当弹齿断面直径和弹齿转速固定时,弹齿旋转半径对杂草除去率的影响较大,杂草除去率随着弹齿旋转半径的逐渐增大而提高,且提高幅度较大。弹齿转速和弹齿旋转半径处于 $+1$ 和 0 水平时,弹齿旋转半径对杂草除去率的影响程度接近,杂草除去率高于弹齿转速和弹齿旋转半径处于 -1 水平时的。

当弹齿旋转半径处于 0 水平时,弹齿断面直径与弹齿转速两者交互作用对杂草除去率的影响曲线如图 6 - 16(a2)所示。由图可知,曲线呈马鞍形。当弹齿转速一定时,杂草除去率随弹齿断面直径的增大而提高,弹齿断面直径小于 4 mm 时对杂草除去率的影响较大,弹齿断面直径大于 4 mm 时对杂草除去率的影响幅度有所减低。当弹齿断面直径一定时,杂草除去率随弹齿转速的增加先提高后降低,杂

草除去率的最高点发生在弹齿转速为290 r/min左右时。在弹齿断面直径与弹齿转速两者交互作用时,影响杂草除去率的主要因素是弹齿断面直径。

当弹齿转速处于0水平时,弹齿断面直径与弹齿旋转半径两者交互作用时对杂草除去率的影响曲线如图6－16(b2)所示。由图可知,影响曲线呈凸形曲面。当弹齿旋转半径一定时,杂草除去率随弹齿断面直径的增大而提高,弹齿断面直径小于4 mm时对杂草除去率的影响较大,弹齿断面直径大于4 mm时对杂草除去率的影响幅度有所减低。当弹齿断面直径一定时,杂草除去率随弹齿旋转半径的增大而提高,当弹齿旋转半径小于115 mm时,杂草除去率随弹齿旋转半径的增加幅度较大。在弹齿断面直径与弹齿旋转半径两者交互作用时,弹齿断面直径与弹齿旋转半径对杂草除去率的影响幅度均很大。

当弹齿断面直径处于0水平时,弹齿转速与弹齿旋转半径交互作用对杂草除去率的影响曲线如图6－16(c2)所示。由图可知,影响曲线呈凸形曲面,当弹齿旋转半径一定时,杂草除去率随弹齿转速的增大先提高后降低,杂草除去率的最高点发生在弹齿转速为290 r/min^{-1}左右时。当弹齿转速一定时,杂草除去率随弹齿旋转半径的增大而提高,当弹齿旋转半径小于115 mm时,杂草除去率随弹齿旋转半径的提高幅度较大。在弹齿转速与弹齿旋转半径两者交互作用时,弹齿旋转半径对杂草除去率的影响程度大于弹齿转速对杂草除去率的影响程度。

(2)对倒苗率的影响分析

当弹齿转速和弹齿旋转半径处于＋1,0,－1水平时,弹齿断面直径对倒苗率的影响曲线如图6－17(a1)所示。由图可知,弹齿断面直径对倒苗率的影响规律相似,倒苗率随弹齿断面直径的增大而提高,当弹齿断面直径处于－1水平以下时,倒苗率随弹齿断面直径的增大而提高的幅度较小,当弹齿断面直径处于－1水平以上时,倒苗率随弹齿断面直径的增大而提高的幅度较大。其中弹齿转速和弹齿旋转半径处于＋1时,倒苗率高于弹齿转速和弹齿旋转半径处于0和－1水平时的。

当弹齿断面直径和弹齿旋转半径处于＋1,0,－1水平时,弹齿转速对倒苗率的影响曲线如图6－17(b1)所示。由图可知,当弹齿断面直径和弹齿旋转半径固定时,倒苗率随着弹齿转速的逐渐增大先降低后提高。当弹齿转速小于0水平时,倒苗率随弹齿转速增大而降低;当弹齿转速大于0水平时,倒苗率随弹齿转速增大而提高,倒苗率最低处发生在弹齿转速为0水平左右。其中弹齿断面直径和弹齿旋转半径处于＋1水平时,弹齿转速对倒苗率的影响程度大于弹齿断面直径和弹齿旋转半径处于－1和0水平时的。

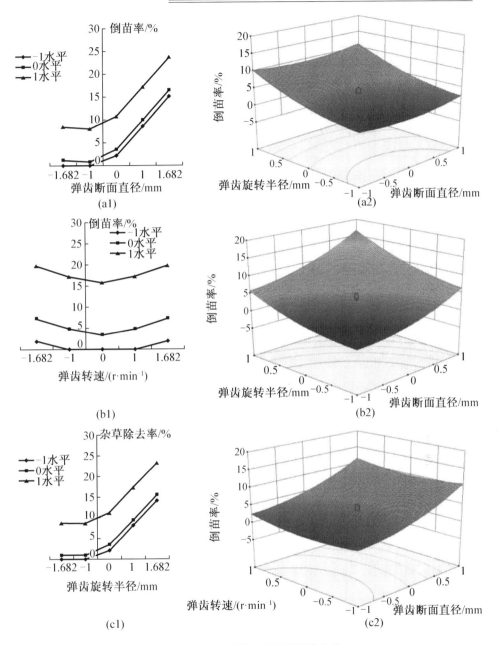

图 6-17　倒苗率单、双因素曲线

当弹齿断面直径和弹齿转速处于 +1,0,-1 水平时,弹齿旋转半径对倒苗率的影响曲线如图 6-17(c1)所示。由图可知,当弹齿断面直径和弹齿转速固定时,弹齿旋转半径对倒苗率影响较大,倒苗率随着弹齿旋转半径的逐渐增大而提高,且提高幅度较大。弹齿转速和弹齿旋转半径处于 -1 和 0 水平时,弹齿旋转半径对倒苗率影响程度接近,倒苗率低于弹齿转速和弹齿旋转半径处于 +1 水平时的。

当弹齿旋转半径处于 0 水平时,弹齿断面直径与弹齿转速交互作用对倒苗率的影响曲线如图 6 - 17(a2)所示。由图可知,弹齿断面直径与弹齿转速交互作用对倒苗率的影响曲线呈凹形曲面,当弹齿转速一定时,倒苗率随弹齿断面直径的增大而降低,弹齿断面直径小于 4 mm 时对倒苗率的影响较大,弹齿断面直径大于 4 mm 时对倒苗率的影响幅度有所减小。当弹齿断面直径一定时,倒苗率随弹齿转速的增大先降低后提高,倒苗率的最低点发生在弹齿转速为 290 r/min 左右时。当弹齿断面直径与弹齿转速交互作用时,影响倒苗率的主要因素是弹齿断面直径。

当弹齿转速处于 0 水平时,弹齿断面直径与弹齿旋转半径交互作用对倒苗率的影响曲线如图 6 - 17(b2)所示。由图可知,弹齿断面直径与弹齿旋转半径交互作用对倒苗率的影响曲线呈凹形曲面,当弹齿旋转半径一定时,倒苗率随弹齿断面直径的增大而提高,弹齿断面直径小于 4 mm 时对倒苗率的影响不大,变化幅度较小,弹齿断面直径大于 4 mm 对倒苗率的影响较大。当弹齿断面直径一定时,倒苗率随弹齿旋转半径的增大而提高,当弹齿旋转半径大于 115 mm 时,倒苗率随弹齿旋转半径的变化幅度大于弹齿旋转半径小于 115 mm 时的。在弹齿断面直径与弹齿旋转半径两者交互作用时,弹齿断面直径与弹齿旋转半径对倒苗率的影响幅度相似。

当弹齿断面直径处于 0 水平时,弹齿转速与弹齿旋转半径交互作用对倒苗率的影响曲线如图 6 - 17(c2)所示。由图可知,弹齿断面直径与弹齿旋转半径交互作用对倒苗率的影响曲线呈凹形曲面,当弹齿旋转半径一定时,倒苗率随弹齿转速的增大先降低后提高,倒苗率的最低点发生在弹齿转速为 290 r/min 左右时的。当弹齿转速一定时,倒苗率随弹齿旋转半径的增大而提高,当弹齿旋转半径小于 115 mm 时,倒苗率随弹齿旋转半径的提高幅度小于弹齿旋转半径大于 115 mm 时的。当弹齿转速与弹齿旋转半径交互作用时,弹齿旋转半径对倒苗率的影响程度大于弹齿转速对倒苗率的影响程度。

（3）伤苗率的影响分析

当弹齿转速和弹齿旋转半径处于 +1,0, -1 水平时,弹齿断面直径对伤苗率的影响曲线如图 6 - 18(a1)所示。由图可知,弹齿断面直径对伤苗率的影响规律相似,伤苗率随弹齿断面直径的增大而提高,当弹齿断面直径处于 -1 水平以下时,伤苗率随弹齿断面直径的增大而提高的幅度较小,当弹齿断面直径处于 -1 水平以上时,伤苗率随弹齿断面直径的增大而提高的幅度较大。其中弹齿转速和弹齿旋转

半径处于 +1 水平时,伤苗率高于弹齿转速和弹齿旋转半径处于 0 和 -1 水平时的。

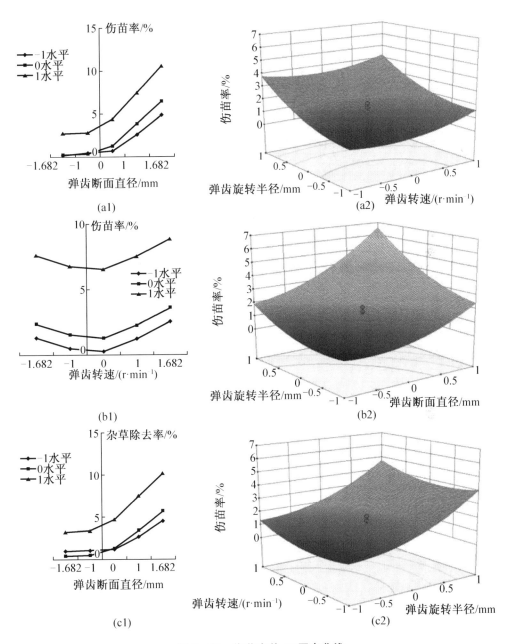

图 6 – 18　伤苗率单、双因素曲线

当弹齿断面直径和弹齿旋转半径处于 +1,0, -1 水平时,弹齿转速对伤苗率的影响曲线如图 6 – 18(b1)所示。由图可知,当弹齿断面直径和弹齿旋转半径固定时,伤苗率随弹齿转速的逐渐增大先降低后提高。当弹齿转速小于 0 水平时,伤苗率随弹齿转速增大而降低;当弹齿转速大于 0 水平时,伤苗率随弹齿转速增大而提高,伤苗率最低处发生在弹齿转速为 0 水平左右。其中弹齿断面直径和弹齿旋转半径处于 + 1 水平时,弹齿转速对倒苗率的影响程度大于弹齿断面直径和弹齿旋转半径处于 – 1 和 0 水平时的。

当弹齿断面直径和弹齿转速处于 + 1,0, – 1 水平时,弹齿旋转半径对倒苗率的影响曲线如图 6 – 18(c1)所示。由图可知,当弹齿断面直径和弹齿转速固定时,弹齿旋转半径对伤苗率影响较大,伤苗率随弹齿旋转半径的逐渐增大而提高,且提高幅度较大。弹齿转速和弹齿旋转半径处于 – 1 和 0 水平时,弹齿旋转半径对倒苗率影响程度接近,倒苗率低于弹齿转速和弹齿旋转半径处于 + 1 水平时的。

当弹齿旋转半径处于 0 水平时,弹齿断面直径与弹齿转速交互作用对伤苗率的影响曲线如图 6 – 18(a2)所示。由图可知,弹齿断面直径与弹齿转速两者交互作用对伤苗率的影响曲线呈凹形曲面,当弹齿转速一定时,伤苗率随弹齿断面直径的增大而提高,当弹齿断面直径小于 4 mm 时,弹齿断面直径对伤苗率的影响不大;当弹齿断面直径大于 4 mm 时,弹齿断面直径对伤苗率的影响幅度有所增加。当弹齿断面直径一定时,伤苗率随弹齿转速的增大先降低后提高,变化幅度较小。党当弹齿断面直径与弹齿转速交互作用时,影响伤苗率的主要因素是弹齿断面直径。

当弹齿转速处于 0 水平时,弹齿断面直径与弹齿旋转半径交互作用对伤苗率的影响曲线如图 6 – 18(b2)所示。由图可知,弹齿断面直径与弹齿旋转半径两者交互作用对伤苗率的影响曲线呈凹形曲面,当弹齿旋转半径一定时,伤苗率随弹齿断面直径的增大而提高,弹齿断面直径小于 4 mm 时对伤苗率的影响不大,变化幅度较小,当弹齿断面直径大于 4 mm 时对伤苗率的影响有所增加。当弹齿断面直径一定时,伤苗率随弹齿旋转半径的增大而提高,当弹齿旋转半径大于 115 mm 时,倒苗率随弹齿旋转半径的增大幅度大于弹齿旋转半径小于 115 mm 时的。当弹齿断面直径为 6 mm 时,弹齿旋转半径对伤苗率的影响程度大于弹齿断面直径为 2 mm 时的。在弹齿断面直径与弹齿旋转半径两者交互作用时,弹齿断面直径与弹齿旋转半径对伤苗率的影响幅度相似。

当弹齿断面直径处于 0 水平时,弹齿转速与弹齿旋转半径交互作用对伤苗率的影响曲线如图 6 – 18(c2)所示。由图可知,弹齿断面直径与弹齿旋转半径交互作用对伤苗率的影响曲线呈凹形曲面,当弹齿旋转半径一定时,伤苗率随弹齿转速的增大先降低后提高,伤苗率的最低点发生在弹齿转速为 290 r/min 左右时。当弹齿转速一定时,伤苗率随弹齿旋转半径的增大而提高,当弹齿旋转半径小于115 mm时,伤苗率随弹齿旋转半径的提高幅度小于弹齿旋转半径大于115 mm时的。当弹齿转速与弹齿旋转半径两者交互作用时,弹齿旋转半径对伤苗率的影响程度大于弹齿转速对伤苗率的影响程度。

6.6 性能指标优化

根据除草性能的要求,本书利用主目标函数法,借助 MATLAB 软件进行优化求解。分别以杂草除去率、倒苗率、伤苗率三个除草性能指标的回归方程作为目标函数,其他剩余的回归方程作为约束条件,设计优化模型如下:

1. 以杂草除去率作为目标函数得到的优化模型

$$\min \quad 13.67 - 14.54x_1 - 12.19x_3 + 5.05x_1^2 + 10.47x_2^2 + 2.81x_3^2$$

$$\text{s. t.}$$

$$0 \leqslant 3.41 + 4.58x_1 + 4.31x_3 + 1.89x_1^2 + 1.37x_2^2 + 1.68x_3^2 \leqslant 4$$

$$0 \leqslant 1.27 + 1.71x_1 + 0.37x_2 + 1.45x_3 + 0.81x_1^2 + 0.59x_2^2 + 0.71x_3^2 + 0.62x_1x_3 \leqslant 2$$

$$-1.682 \leqslant x_1 \leqslant 1.682$$

$$-1.682 \leqslant x_2 \leqslant 1.682$$

$$-1.682 \leqslant x_3 \leqslant 1.682$$

2. 以倒苗率作为目标函数得到的优化模型

$$\min \quad 3.41 + 4.58x_1 + 4.31x_3 + 1.89x_1^2 + 1.37x_2^2 + 1.68x_3^2$$

$$\text{s. t.}$$

$$100 \geqslant 86.33 + 14.54x_1 + 12.19x_3 - 5.05x_1^2 - 10.47x_2^2 - 2.81x_3^2 \geqslant 80$$

$$0 \leqslant 1.27 + 1.71x_1 + 0.37x_2 + 1.45x_3 + 0.81x_1^2 + 0.59x_2^2 + 0.71x_3^2 + 0.62x_1x_3 \leqslant 2$$

$$-1.682 \leqslant x_1 \leqslant 1.682$$

$$-1.682 \leqslant x_2 \leqslant 1.682$$

$$-1.682 \leqslant x_3 \leqslant 1.682$$

3. 以伤苗率作为目标函数得到的优化模型

$$\min \quad 1.27 + 1.71x_1 + 0.37x_2 + 1.45x_3 + 0.81x_1^2 + 0.59x_2^2 + 0.71x_3^2 + 0.62x_1x_3$$

$$\text{s. t.}$$

$$100 \geqslant 86.33 + 14.54x_1 + 12.19x_3 - 5.05x_1^2 - 10.47x_2^2 - 2.81x_3^2 \geqslant 80$$

$$0 \leqslant 3.41 + 4.58x_1 + 4.31x_3 + 1.89x_1^2 + 1.37x_2^2 + 1.68x_3^2 \leqslant 4$$

$$-1.682 \leq x_1 \leq 1.682$$

$$-1.682 \leq x_2 \leq 1.682$$

$$-1.682 \leq x_3 \leq 1.682$$

借助 MATLAB 优化求解后,得到不同目标函数下的最佳参数组合方案见表 6-9。

表 6-9　不同目标函数下的最佳参数组合方案

目标函数	弹齿断面直径/mm		弹齿转速/(r·min⁻¹)		弹齿旋转半径/mm	
	水平值	实际值	水平值	实际值	水平值	实际值
倒苗率	-0.169 2	3.830 8	0.000 0	290.00	-0.286 7	107.133
伤苗率	-0.197 1	3.802 9	-0.086 2	287.41	-0.247 5	107.525
杂草除去率	0.098 7	4.098 7	0.000 0	290.00	0.027 4	110.274

表 6-9 表明,不同性能指标作为目标函数时的最佳参数组合方案中,弹齿断面直径接近 0 水平,弹齿转速接近 0 水平,弹齿旋转半径接近 0 水平。综合考虑后得出装置的最佳参数组合方案:弹齿断面直径为 4 mm,弹齿转速为 290 r/min,弹齿旋转半径为 110 mm。

6.7　验 证 试 验

6.7.1　试验条件

水田株间除草机的作业性能主要与水田土壤状况有关。通过试验研究,我们才能确保作业效果达到设计的技术要求。

1. 试验地点

黑龙江省庆安县王成明村,选择与前期试验相同的地块。

2. 试验条件

水稻秧苗品种为龙粳 26,秧苗插秧后第 13 天,秧苗株间距为 12 cm,泥浆层深度为 40 mm,泥土层深度为 165~170 mm,秧苗高度为 215~235 mm;杂草以稗草为主,稗草高度为 105~135 mm;除草机前进速度为 0.43 m/s,除草深度为 40 mm,弹齿断面直径为 4 mm,弹齿转速为 290 r/min,弹齿旋转半径为 110 mm。

3. 试验设备

操作人员选择与前期试验相同的人员进行操作,人员操作熟练,机器运行稳定。除草试验过程及性能指标的测定如图 6-19 所示。

(a)

(b)

图 6-19　除草试验过程及性能指标的测定

6.7.2　试验结果

在试验因素组合确定的条件下验证中耕水田除草机作业性能,试验方案及结果见表 6-10。

表 6-10　试验方案及结果

弹齿转速/ $(r \cdot min^{-1})$	弹齿旋转半径/mm	弹齿断面直径/mm	杂草除去率 y_1/%	伤苗率 y_2/%	倒苗率 y_3/%
290	110	4	88.1	1.14	1.57
290	110	4	90.4	1.12	1.61
290	110	4	87.9	1.11	1.58
290	110	4	87.5	1.15	1.59
290	110	4	88.3	1.13	1.57
290	110	4	87.8	1.14	1.62
290	110	4	87.5	1.09	1.60
290	110	4	87.6	1.17	1.59
290	110	4	88.1	1.06	1.58
290	110	4	87.5	1.08	1.61

由表 6-10 可知,在弹齿断面直径为 4 mm,弹齿转速为 290 r/min,弹齿旋转半径为 110 mm 的条件下,杂草除去率、伤苗率、倒苗率的变化范围分别为 87.5%～90.4%、1.06%～1.15%、1.57%～1.62%。其中,杂草除去率最大值为 90.4%,最

小值为 87.5% ;伤苗率最大值为 1.15% ,最小值为 1.06% ;倒苗率最大值为 1.62% ,最小值为 1.57% 。验证试验所得性能指标的平均值见表 6-11。

表 6-11 验证试验所得性能指标的平均值

倒苗率/%	伤苗率/%	杂草除去率/%
1.59	1.12	88.056

试验证明,由最佳参数组合方案所做的验证试验得到的性能指标均接近理论值,且能满足技术要求。

6.7.3 田间除草效果对比分析

针对杂草及水稻的特性,主要进行 2 次除草整机试验,分别是在插秧后的第 7 天和第 20 天。在水稻插秧后第 7 天进行第一次除草作业,水田杂草被有效去除。除草前后差别明显,如图 6-20 所示。

在水稻插秧后第 20 天进行第二次除草作业,除草前水田杂草数量明显少于第一次除草作业前的。第二次除草作业后,田间杂草基本去除,水稻长势良好,如图 6-21 所示。

第二次除草作业后,水稻远高于第二次除草作业后新生的稗草。稗草的光合作用和通风受到极大影响,极难存活。稻田在经过两次除草作业后,基本不存在杂草危害。第二次除草作业 10 天后稻田状况如图 6-22 所示。

(a)除草前水田状况

(b)除草后水田状况

图 6-20 第一次除草作业前后效果对比图

（a）除草前水田状况　　　　　　　　（b）除草后水田状况

图 6 – 21　第二次除草作业前后效果对比图

图 6 – 22　第二次除草作业 10 天后稻田状况

6.8　本　章　小　结

　　本章以倒苗率、伤苗率和杂草除去率为性能指标，在田间进行了单因素及回归正交旋转组合试验，得出如下结论：

　　（1）杂草除去率、伤苗率均随弹齿断面直径、弹齿转速、弹齿旋转半径、弹齿数量的增加而提高，在弹齿断面直径小于 5 mm、弹齿转速小于 290 r/min、弹齿旋转半径小于 110 mm、弹齿数量小于 5 个时，杂草除去率、伤苗率随弹齿断面直径、弹齿转速、弹齿旋转半径、弹齿数量的影响变化幅度较大，为了综合考虑杂草除去率、伤苗率，选取弹齿断面直径 5 mm、弹齿转速 290 r/min、弹齿旋转半径 10 mm、弹齿数量 5 个作为多因素试验的 0 水平值。

　　（2）通过二次正交旋转回归分析，建立弹齿断面直径、弹齿转速、弹齿旋转半径与杂草除去率、倒苗率和伤苗率之间关系的非线性回归模型，为优化和改进水田除草机的参数奠定了理论基础。

（3）结果表明，影响杂草除去率的因素主次顺序为弹齿旋转半径、弹齿断面直径、弹齿转速；影响倒苗率的因素主次顺序为弹齿断面直径、弹齿旋转半径、弹齿转速；影响伤苗率的因素主次顺序为弹齿断面直径、弹齿转速、弹齿旋转半径。说明该水田除草机工艺参数调整应以弹齿断面直径为主，对弹齿转速进行微调。

（4）通过对杂草除去率、倒苗率和伤苗率的优化求解得出该装置的最佳参数组合：弹齿断面直径为 4 mm，弹齿转速为 290 r/min，弹齿旋转半径 110 mm。

（5）通过试验验证得到在较优工艺参数组合条件下，杂草除去率为 88.056%、倒苗率为 1.59%、伤苗率为 1.12%。

第7章 结论与展望

7.1 结 论

水稻秧苗机械除草技术因工作效率高、污染小,符合绿色农业的发展需要,现已成为水稻田间除草的主导方式。本书在黑龙江省博士后资助项目"有机水稻机械除草机理的研究"(LBH – Z13030)的资助下,系统分析了前人关于田间除草的相关研究成果,针对寒地水稻秧苗除草技术的要求,以水田植物物理特性为基础,对水稻田间除草装置进行了深入研究,得到以下结论。

(1)以黑龙江省常用水田植物——杂草品种稗草、水葱、燕尾草,水稻秧苗品种龙粳26为研究对象,利用电子数显卡尺、直尺、微机控制电子材料万能试验机等仪器对影响水田植物的物理特性进行了测定,结果如下:

①稗草、秧苗的高度、茎部断面直径、根深和根部断面直径均随插秧后时间的增加而增加,在插秧后第19天,稗草高度达到了246.23 mm,茎部最大断面直径达到了2.06 mm;根深达到了65.23 mm,根部最大断面直径达到了0.95 mm;秧苗高度达到了251.6 mm,最大断面直径达到了3.53 mm,秧苗根深达到了145.23 mm,根部最大断面直径达到了9.56 mm。

②稗草拉断的过程是根部从地面拔出的过程,根部越深,拉断时间越长,需要的力越大,拉伸过程变形也越大,尤其是随着插秧时间的增加,稗草根部数量增多,拉断稗草的难度加大。插秧时间越长,稗草极限拉力越大,在插秧后第7天至第19天,力由3.56 N变为12.34 N,稗草抗拉强度由3.31 MPa变为9.55 MPa,弹性模量由1.16 MPa变为41.07 MPa;极限剪切力由3.237 N变为7.007 N,抗剪强度由4.122 MPa变为7.53 MPa。

③水葱和燕尾草在插秧后第19天根深分别达到了41.2 mm、19.8 mm;根部最大断面直径分别达到了0.28 mm、0.59 mm。剪切时水葱的整体变形量与拉伸时一致,都为4~5 mm,但是剪切的主要变形发生在开始阶段,拉伸的变形主要发生在

屈服期间,水葱所能承受的剪切极限强度大于拉伸极限强度,在第20天时剪切力达到了6.5 N,小于稗草的最大剪切力。

④秧苗拉伸过程先为线弹性变化,随着拉力的不断加大,秧苗的变形也不断加大,在加大到弹性极限之后,秧苗的变形进入屈服阶段,在拉伸过程中由于秧苗的根须陆续断裂,秧苗承受的极限能力不断下降。在插秧后第7天至第19天的13天时间里,秧苗极限拉力由4.2 N变为14.5 N,增加了10.3 N,稗草秧苗抗拉强度由4.61 MPa变为10.56 MPa。

⑤秧苗剪切过程是将秧苗的根须逐一切断的过程,根须越多,越粗壮,抗剪切能力越强,在插秧后第7天至第19天的13天的时间里,秧苗极限拉力由5.8 N变为46.7 N,增加了40.9 N。可见秧苗到后期成长速度加快,根须抵抗剪切能力加强,稗草秧苗抗剪强度由5.21 MPa变为23.48 MPa。

(2)设计了水田除草装置,根据其工作原理,确定了除草关键部件弹齿盘的形状、轮廓、中心曲线等关键参数,并对弹齿端部进行了运动学、动力学分析,结果表明:

①弹齿盘除草速度与除草机前进速度、弹齿角速度、弹齿旋转直径均成正比;除草角与除草机前进速度成正比,与弹齿角速度、弹齿旋转直径成反比。

②弹齿端部在 x、y 方向的运动为上下波动,呈周期性变化,波动变化在半径为0.11 m的圆范围进行;弹齿端部在 xOy 面上的轨迹为半径 r 的圆,z 方向为直线。以上说明弹齿在田间除草的过程与水田土壤接触形成的轨迹为螺旋上升的曲线。

③y 方向的运动加速度随弹齿旋转半径的增加而呈线性增加,随弹齿角速度呈上凸形曲线变化,弹齿角速度对 y 方向运动加速度的影响程度大于弹齿旋转半径的。

(3)利用自行研制的伤秧力测试系统对不同条件下的秧苗伤秧力进行测定,获得各参数对秧苗伤秧力的影响规律如下:

①单穴水稻秧苗株数对水平伤秧力的影响随秧苗株数的增多而增大。当单穴水稻秧苗株数为5时,秧苗极限伤秧力为12.65 N;当单穴水稻秧苗株数为7时,秧苗极限伤秧力为15.03 N。

②水平伤秧力随弹齿旋转半径、齿端距地面深度对水平伤秧力的影响随弹齿旋转半径的增大而增大。当弹齿旋转半径为110 mm时,秧苗极限伤秧力为12.31 N;当弹齿旋转半径为130 mm时,秧苗极限伤秧力为16.02 N。当除草深度为10 mm时,秧苗极限伤秧力为12.01 N;当除草深度为30 mm时,秧苗极限伤秧力为17.03 N。

(4)对水田植物进行了强度分析,仿真结果表明:

①随秧苗、稗草直径的增大,水田植物所受应力减小,减小的幅度较大,当水田

植物直径增大 5.3 mm 时,所受应力减小为 4.05 MPa,水田植物直径对本身应力影响很大,可见确定最佳除草时间对提高杂草除去率和降低伤苗率有重要的意义。

② 随弹齿角速度、弹齿旋转半径、弹齿除草高度、弹齿断面直径的增加,水田植物受到的应力也增加,当弹齿角速度增加为 10 rad/s 时,水田植物所受应力增加 4.35 MPa;当弹齿旋转直径增加 40 mm 时,水田植物所受应力增加 2.5 MPa;当弹齿除草高度增加 196 mm 时,水田植物所受应力增加 2.12 MPa;当弹齿断面直径增加 5 mm 时,水田植物所受应力增加 3.1 MPa,弹齿旋转半径、弹齿除草高度对水田植物应力的影响增加幅度均小于弹齿角速度,弹齿角速度对水田植物所受应力的影响最大。

(5)利用 ANSYS 对水田植物和弹齿盘分别进行了强调分析,结果表明:

①水田植物的变形和应力均随除草位置距地面高度、除草时间、载荷的变化而变化,总体趋势是随弹齿位置距地面高度、载荷的增加呈线性增大,随除草时间的增大应力减小,对变形影响较小,而对应力影响较大。

②靠近弹齿轮毂的位置应力较大,弹齿边缘位置形变较大,最大应力为 494 Pa,小于材料的许用应力,满足强度要求。

(6)获得了弹齿角速度、弹齿旋转半径、弹齿端间距的范围:$19.8 \text{ rad/s} \leqslant \omega \leqslant 29.6 \text{ rad/s}$、$90 \text{ mm} \leqslant R \leqslant 130 \text{ mm}$、$0.2 \text{ m} \leqslant S \leqslant 0.4 \text{ m}$。

(7)在 EDEM 仿真软件中创建水田仿真土槽模型,并定义不同颗粒之间的模型参数与接触方式,经过创建颗粒工厂进行颗粒填充,完成除草弹齿-泥-土壤-杂草复合模型的建立,为仿真试验奠定基础。以弹齿数量、弹齿几何半径、弹齿旋转半径为试验因素,以杂草除去率为性能指标,在 EDEM 仿真软件中分别进行单因素与三因素五水平正交旋转仿真试验,确定出该装置的最佳几何参数:弹齿数量为 5 个、弹齿半径为 2 mm、弹齿旋转半径为 110 mm。

(8)选取弹齿旋转半径、弹齿断面直径、弹齿转速三个因素进行多因素试验,依据二次正交旋转组合设计的试验方法,建立了因素对性能指标的回归方程,并进行了分析说明。结论如下:

①影响杂草除去率的因素主次顺序为弹齿旋转半径、弹齿断面直径、弹齿转速;影响倒苗率的因素主次顺序为弹齿断面直径、弹齿旋转半径、弹齿转速;影响伤苗率的因素主次顺序为弹齿断面直径、弹齿转速、弹齿旋转半径。说明该水田除草机工艺参数调整应以弹齿断面直径为主,对弹齿转速进行微调。

②采用主目标函授法,利用各性能指标的回归方程,用 MATLAB 进行优化求解,综合评定后得到优化参数:弹齿断面直径为 4 mm,弹齿转速为 290 r/min,弹齿

旋转半径为 110 mm。并通过试验验证得到在较优工艺参数组合条件下,杂草除去率为 88.056%、倒苗率为 1.59%、伤苗率为 1.12%。

7.2 展　　望

(1)本书完成了水稻秧苗株间除草装置的机理研究,主要从力学的角度,重点考虑了水田植物的损伤问题,今后计划运用多种方法相结合研究其工作性能及运动学、动力学特性。

(2)水稻秧苗株间除草装置在试验过程中还存在一定的问题(如传动部分的稳定性问题),今后打算对传动部分进一步设计,完善该装置的除草性能。

参 考 文 献

[1] 赵理,史春余,冯尚宗,等.水稻有机栽培旱育秧田除草技术研究[J].中国农学通报,2014,30(21):145-151.

[2] 马旭,齐龙,梁柏,等.水稻田间机械除草装备与技术研究现状及发展趋势[J].农业工程学报,2011,27(6):162-168.

[3] 张朝贤,胡祥恩,钱益新.国外除草剂应用趋势及我国杂草科学研究现状和发展方向[J].植物保护学报,1997,24(3):278-282.

[4] 王金武,鞠金艳,王金峰.黑龙江省种植业机械化发展情况分析[J].农业工程学报,2010,26(12):168-172.

[5] 蒋郁,齐龙,龚浩,等.气动式水稻株间机械除草装置研制[J].华南农业大学学报,2020,41(6):37-49.

[6] 李卓霖,柳海鹤,李春胜,等.水田除草机械行间除草机构的研究[J].农业与技术,2020,40(18):66-68.

[7] 于改莲.稻田除草剂的正确施用方法[J].农药,2001,40(12):43-45.

[8] 杨彩宏,田兴山,岳茂峰,等.农田杂草抗药性概述[J].中国农学通报,2009,25(22):236-240.

[9] 郭振升.农田杂草危害及防除[J].河南农业,2003(9):32.

[10] 赵学平,王秀梅,王强,等.农美利等除草剂对水稻秧苗药害的研究[J].浙江农业学报,2000,12(6):368-373.

[11] 文振祥.农田杂草综合防除技术[J].杂草科学,2010,28(2):66-67.

[12] 李久新.农田杂草的危害及除草机的使用技术[J].现代农业,2011(5):68-69.

[13] 李江国,刘占良,张晋国,等.国内外田间机械除草技术研究现状[J].农机化研究,2006(10):14-16.

[14] 方文熙.美国农业机械化装备与发展趋势[J].福建农机,2016(2):48-52.

[15] 周恩权,毛罕平,陈树人.八爪除草机构的设计与实验:基于虚拟样机技术[J].农机化研究,2011,33(2):62-64.

[16] 张春龙,黄小龙,耿长兴,等.智能锄草机器人系统设计与仿真[J].农业机械

学报,2011,42(7):196 - 199.

[17] 黄世文,余柳青,段桂芳,等.稻糠与浮萍控制稻田杂草和稻纹枯病初步研究[J].植物保护,2003,29(6):22 - 26.

[18] 魏守辉,强胜,马波,等.稻鸭共作及其它控草措施对水田杂草群落的影响[J].应用生态学报,2005,16(6):1067 - 1071.

[19] 任文涛,辛明金,林静,等.水稻纸膜覆盖种植技术节水控草效果的试验研究[J].农业工程学报,2003,19(6):60 - 63.

[20] 刘文,徐丽明,邢洁洁,等.作物株间机械除草技术的研究现状[J].农机化研究,2017,39(1):243 - 250.

[21] 李碧青,朱强,郑仕勇,等.杂草自动识别除草机器人设计:基于嵌入式 Web 和 ZigBee 网关[J].农机化研究,2017,39(1):217 - 221,226.

[22] 蒋郁,马旭,齐龙,等.基于 Pro/E 的水田除草机人机工程学设计及试验[J].农机化研究,2017,39(3):93 - 97.

[23] 王金武,牛春亮,张春建,等.3ZS - 150 型水稻中耕除草机设计与试验[J].农业机械学报,2011,42(2):75 - 79.

[24] 牛春亮,王金武.水稻秧苗间除草装置工作机理分析[J].农业工程学报,2010,26(13):51 - 55.

[25] 陶桂香,王金武,周文琪,等.水田株间除草机械除草机理研究与关键部件设计[J].农业机械学报,2015,46(11):57 - 63.

[26] 陈振歆,王金武,牛春亮,等.弹齿式苗间除草装置关键部件设计与试验[J].农业机械学报,2010,41(6):81 - 86.

[27] 韩豹,吴文福,申建英.水平圆盘式苗间除草装置试验台优化试验[J].农业工程学报,2010,26(2):142 - 146.

[28] 吴崇友,张敏,金诚谦,等.2BYS6 型水田中耕除草机设计与试验[J].农业机械学报,2009,40(7):51 - 54.

[29] 梁远,汪春,张伟,等.3ZCS - 7 型复式中耕除草机的设计[J].农机化研究,2010,32(6):21 - 24.

[30] 陈勇,郑加强,郭伟斌.除草机器人机械臂运动分析与控制[J].农业机械学报,2007,38(8):105 - 108.

[31] 郭伟斌,陈勇,侯学贵,等.除草机器人机械臂的逆向求解与控制[J].农业工程学报,2009,25(4):108 - 112.

[32] 江苏大学.一种除草机器人的六爪执行机构:200810019830.3[P].2008 - 08 - 13.

［33］张朋举,张纹,陈树人,等.八爪式株间机械除草装置虚拟设计与运动仿真[J].农业机械学报,2010,41(4):56-59.

［34］陈树人,张朋举,尹东富.基于 Lab VIEW 的八爪式机械株间除草装置控制系统[J].农业工程学报,2010,26(2):234-237.

［35］罗锡文.爪齿余摆运动株间机械除草关键技术研究[R].广州:华南农业大学,2011.

［36］张洪程,龚金龙.中国水稻秧苗种植机械化高产农艺研究现状及发展探讨[J].中国农业科学,2014,47(7):1273-1289.

［37］王在满,罗锡文,唐湘如,等.基于农机与农艺相结合的水稻精量穴直播技术及机具[J].华南农业大学学报,2010,31(1):91-95.

［38］张春建.水田中耕除草机的设计与试验研究[D].哈尔滨:东北农业大学,2011.

［39］王金武,多天宇,唐汉,等.水田株间立式除草装置除草机理与试验研究[J].东北农业大学学报,2016,47(4):86-94.

［40］牛春亮,王金武,安相华,等.稻田株间除草机构除草过程中伤秧影响的试验研究[J].2016,38(11):190-197.

［41］邵彬彬,徐颖,许维伟,等.C/SiC 复合材料的动态力学性能及微观结构分析[J].材料科学与工程学报,2016,34(4):603-606,642.

［42］周国栋,杜健民,佘文龙,等.牧草压缩过程应力松弛试验研究及压缩活塞的力学分析[J].农机化研究,2017,39(4):197-201.

［43］雷相科,张雪彪,杨启红,等.植物根系抗拉力学性能研究进展[J].浙江农林大学学报,2016,33(4):703-711.

［44］徐婧,杨双锁,罗海燕,等.单颗粒杂质位置与圆盘试件单轴劈裂抗拉强度相关性研究[J].科学技术与工程,2016,16(19):102-109.

［45］杨建平,陈卫忠,杨典森,等.一种基于弹性应变能的裂隙岩体等效弹性模量评价方法[J].岩土力学,2016,37(8):2159-2164,2171.

［46］杜密,李取纲,张开银,等.混凝土构件回弹测试机理及其弹性模量识别[J].中外公路,2016,36(4):235-238.

［47］乔月月,袁剑民,费又庆.微滴包埋拉出法测定复合材料界面剪切强度的影响因素分析[J].材料工程,2016,44(7):88-92.

［48］武翠卿,李楠,张帅,等.玉米秸秆自干后的材料力学性质研究[J].农机化研究,2016,38(8):146-150.

[49] 司兆胜,王春荣,陈继光,等.黑龙江省水田杂草及其群落变化趋势分析[J].黑龙江农业科学,2010(10):66-69.

[50] 柴永山.黑龙江省稻田杂草发生情况及群落特征分析[J].中国林副特产,2015(6):34-36.

[51] 任万军,卢庭启,赵中操,等.水稻秧苗发根力与一些碳氮营养生理特性的关系[J].浙江大学学报(农业与生命科学版),2011,37(1):103-111.

[52] 张结刚,张美良,潘晓华.不同生长调节物质对机插早稻秧苗生育特性及产量的影响[J].中国农学通报,2015,31(15):151-155.

[53] 哈尔滨工业大学理论力学教研室.理论力学思考题集[M].7版.北京:高等教育出版社,2004.

[54] 哈尔滨工业大学理论力学教研室.理论力学:Ⅰ,Ⅱ[M].7版.北京:高等教育出版社,2009.

[55] 王金武,多天宇,唐汉,等.水田株间立式除草装置除草机理与试验研究[J].东北农业大学学报,2016(4):86-94.

[56] 刘永军.田间水稻秧苗和稗草力学特性研究[D].哈尔滨:东北农业大学,2014.

[57] WU C F J,HAMADA M.试验设计与分析及参数优化[M].张润楚,郑海涛,兰燕,等译.北京:中国统计出版社,2003.

[58] 袁柳洋.几类优化问题的填充函数算法[D].武汉:武汉大学,2013.

[59] 郭丽暄.关于多目标规划的评价函数法[J].漳州职业技术学院学报,2006,8(4):12-15.

[60] 中国农业机械化科学研究院.农业机械设计手册:下册[M].北京:中国农业科学技术出版社,2007.

[61] 齐龙,赵柳霖,马旭,等.3GY-1920型宽幅水田中耕除草机的设计与试验[J].农业工程学报,2017,33(8):47-55.

[62] 赵匀.农业机械分析与综合[M].北京:机械工业出版社,2009.

[63] 蒋郁,崔宏伟,区颖刚,等.基于茎基部分区边缘拟合的稻株定位方法[J].农业机械学报,2017,48(6):23-31,49.

[64] 邬立岩,齐胜,宋玉秋,等.水田作业机械仿生表面减阻机理的离散元研究[J].沈阳农业大学学报.2017,48(1):55-62.

[65] 贾洪雷,李森森,王刚,等.中耕期玉米田间避苗除草装置设计与试验[J].农业工程学报,2018,34(7):15-22.

[66] 齐龙,刘闯,蒋郁. 水稻机械除草技术装备研究现状及智能化发展趋势[J]. 华南农业大学学报,2020,41(6):29-36.

[67] REBICH R A,COUPE R H,THURMAN E M. Herbicide concentrations in the Mississippi River Basin—the importance of chloroacetanilide herbicide degradates [J]. The Science of the Total Environment,2004,321(1/2/3):189-199.

[68] KWANG W S,WHOA S. Development of a flame weeder[J]. Transactions of the ASAE,2001,44(5):1065-1070.

[69] ASTRAND B, BAERVELDT A J. A vision based row-following system for agricultural field machinery[J]. Mechatronics,2005,15(2):251-269.

[70] HWANG J B,PARK S T,SONG S B. Variation of weed occurrence and rice yield by using the cultivating weeder for three years in paddy rice[J]. Korean Journal of Weed Science,2007,27(4):334-340.

[71] LEE W S, SLAUGHTER D C, GILES D K. Robotic weed control system for tomatoes[J]. Precision Agriculture,1999(1):95-113.

[72] LAMM R D,SLAUGHTER D C,GILES D K. Precision weed control system for cotton[J]. Transactions of the American Society of Agricultural Engineers,2002, 45(1):231-238.

[73] BOND W,GRUNDY Y A C. Non-chemical weed management inorganic farming systems[J]. Weed Research,2001,41(5):383-405.

[74] KIM S C,IM I B. Change in weed control studies of rice paddy fields in Korea [J]. Weed Biology and Management,2002(2):65-72.

[75] REMESAN R, ROOPESH M S, REMYA N, et al. Wet land paddy weeding—a comprehensive comparative study from south India[J]. Agricultural Engineering International:the CIGR journal,2007(Ⅸ):1-21.

[76] TAJUDDIN. Development of a power weeder for low land rice[J]. Journal of the Institution of Engineers (India):Agricultural Engineering Division,2009,90(6): 15-17.

[77] PARISH S. A review of non-chemical weed control techniques[J]. Biological Agriculture & Horticulture,1990,7(2):117-137.

[78] BELLINDER R. Cultivation tools for mechanical weed control in vegetables[D]. Ithaca, New york:Cornell University,Ithaca,NY,1997.

[79] DEDOUSIS A P. An Investigation Into the design of precision weeding mechanisms

for Inter and Intra – row weed Control[D]. Silsoe：Cranfield University,2007.

[80] DEDOUSIS A P,GODWIN R J,O'DOGHERTY M J,et al. Inter and intra-row mechanical weed control with rotating discs[C]//The 6thEuropean Conference on Precision Agriculture. Greece：[s. n.],2007.

[81] KURSTJENS D. Mechanisms of selective mechanical weed control by harrowing [D]. Wageningen：Wageningen University,2002.

[82] ASTRAND B,BAERVELDT A J. An agricultural mobile robot with vision-based perception for mechanical weed control[J]. Autonomous Robots,2002,13(1)：21 –35.

[83] HOME M. An investigation into the design of cultivation systems for inter-and intra-row weed control[D]. Silsoe：Cranfield University,2003.

[84] MIZUNO A,NAGURA A,MIYAMOTO T,et al. A portable weed control device using high frequency AC voltage[C]//In：Conference Record of IEEE/IAS Annual Meeting,1993(3)：2000 – 2003.

[85] WANG N,ZHANG N,DOWELL F E,et al. Design of an optical weed sensor using plant spectral characteristics [J]. Transactions of the American Society of Agricultural Engineers,2001,44(2)：409 – 419.

[86] O'DOGHERTY M J,GODWIN R J,DEDOUSIS A P,et al. A Mathematical model of the kinematics of a rotating disc for inter-and intra-row hoeing[J]. Biosystems Engineering,2007,96(2)：169 – 179.

[87] DEDOUSIS A P,GODWIN R J. The rotating disc-hoe-an overview of the system for mechanical weed control [C]//2008 ASABE Annual International Meeting Sponsored by ASABE. Rhode Island convention center providence, Rhode Island,2008.

[88] TILLETT N D,HAGUE T,GRUNY A C,et al. Mechanical within-row weed control for transplanted crops using computer vision[J]. Blosystems Engineering,2008,99 (2)：171 – 178.

[89] GRIEPENTROG, H W, N? RREMARK M, NIELSEN J. Autonomous intra-row rotor weeding based on GPS [C]//2006 CIGR World Congress Agricultural Engineering for a Better World,Bonn,Germany,2006.

[90] GRIEPENTROG H W,GULHOM-HANSEN T,NIELSEN J. First field results from intra-row rotor weeding[C]//The 7th European Weed research Society Workshop on Physical and Cultural Weed Control,Salem,Germany,2007.

［91］NφRREMARK M,GRIEPENTROG H W,NIELSEN J,et al. The development and assessment of the accuracy of an autonomous GPS-based system for intra-row mechanical weed control in row crops［J］. Biosystems Engineering,2008,101(4)：396 – 410.

［92］DOUCET J, BERTRAND F, CHAOUKI J. Experimental characterization of the chaotic dynamics of cohesionless particles：Application to a V-blender［J］. Granular Matter,2008,10(2)：133 – 138.

［93］SINGER F L. Engineering Mechanics,Statics and Dynamics［M］. 3rd ed. New York：Harper& Row,1975.

［94］GOBOR Z,LAMMERS P S. Prototype of a rotary hoe for intra-row weeding［C］// 12th IFTo MM World Congress. Salem：［s. n. ］,2007.

［95］CORDILL C,GRIFT T E. Design and testing of an intra-row mechanical weeding machine for corn［J］. Biosystem Engineering,2011(110)：247 – 252.

［96］KANG S K, LLEE D B, CHOI N S. Fiber/epoxy interfacial shear strength measured by the microdroplet test［J］. Composites Science and technology,2009,69(2)：245 – 251.

［97］BARTON R R. Pre-experiment planning for designed experiments：Graphical methods［J］. Journal of Quality Technology,1997,29(3)：307 – 316.

［98］宮原佳彦. 機械除草技術開発の動向［J］. 東北雑草研究会,2007(7)：1 – 6.

［99］石井博和,佐藤正憲. 水田中耕用除草機の性能と除草効果向上方策［J］. 日本作物学会関東支部会報,2006(21)：22 – 23.

［100］宮原佳彦,戸崎紘一,市川友彦. 高精度水田用除草機の開発(第 1 報)：試作機の構造概要と作業性能［J］. 農業機械学会年次大会講演要旨,2001(60)：37 – 38.

［101］和同産業株式会社. 水田の草取り機：日本专利4057492［P］. 2007 – 12 – 21.

［102］三菱農機株式会社,株式会社キュウホー. 除草機：日本专利2007105006［P］. 2007 – 04 – 26.

［103］みのる産業株式会社. 除草機：日本专利4038538［P］. 2007 – 11 – 16.

［104］独立行政法人農業・食品産業技術総合研究機構,株式会社クボタ,井関農機株式会社. 水田除草機：日本专利3965430［P］. 2007 – 06 – 08.

［105］株式会社美善. 水田除草兼用溝切り機：日本专利2007105006［P］. 2007 – 04 – 26.

［106］臼井智彦,伊藤勝浩,大里達朗.水稲栽培における固定式タイン型除草機の除草効果［J］.東北雑草研究会,2009(9):38－41.

［107］日精電機株式会社,株式会社エムケー.水田除草機:日本专利2008022722［P］.2008－02－07.

［108］株式会社石井農機.水田除草装:日本专利2010068776［P］.2010－04－02.

［109］曹成茂,田亮,陈威,等.一种水田中耕除草机:CN110291857A［P］.2019－10－01.

［110］石田恭正,岡本嗣男,芋生憲司,等.ウォータージェットによる物理的除草に関する研究［J］.農業機械学会誌,2005,67(2):93－99.

［111］光井輝彰,田畑克彦,平湯秀和,等.水田用小型除草ロボット(アイガモロボット)の開発—自律走行ロボットの開発［R］.岐阜県情報技術研究所研究報告,2009(11):45－48.

［112］左藤明宏.水田用移動型除草機:日本专利2009278967［P］.2009－12－03.

［113］西脇健太郎,大谷隆二,中山壮一.機械除草と除草剤の部分散布を組み合わせたハイブリッド除草機［J］.農業機械学会誌,2010,72(1):86－92.

附录 A 弹齿运动部分仿真

仿真条件：

(1)ω 为 30.35 rad/s；R 为 80～150 mm，步数为 5 mm；

(2)R 为 0.11m，ω 为 20.9～41.8 rad/s，步数为 3 rad/s(步数同上)。

仿真表达式：

$$any = R * \omega^2$$

仿真要求：

(1)获得 any 分别与 R 和 ω 的变化曲线图和数据；

(2)当 A 为 0.000 019 63 m^2 时，密度 ρ_{tc} 为 7.85×10^3 kg/m^3，h 为 0.03 m，d 的变化范围为 1～7 mm，步数为 0.5 mm，ω 为 30.35 rad/s，R 为 0.11 m，Ve 为 0.34 m/s；

d ＝

(3)当 R 为变量时，R 变化范围为 80～150 mm，步数为 5 mm，ω 为 30.35 rad/s，d 为 5 mm，Ve 为 0.34 m/s；

xgm ＝

(4)当 Ve 为变量时，Ve 变化范围为 0.2～0.6 m/s，步数为 0.05 m/s，ω 为 30.35 rad/s，d 为 5 mm，R 为 0.11 m。

Ve ＝

% 开始

%R 弹齿旋转半径

%ω 弹齿角速度

%Ve 除草机前进速度

%t 除草时间

%x 弹齿水平位移

%y 弹齿竖直位移

%z 弹齿前后位移

% 变量求解 dx、dy

%D 弹齿断面直径

%n 弹齿转速

条件:R 为 0.11 m,ω 为 30.35 rad/s,Ve 为 0.34 m/s;t 的变化范围为 0~10 s,步数为 0.5 s。

仿真表达式:

x = R * sin(ω * t)

y = R * cos(ω * t)

z = Ve * t

仿真要求:

> > clear

> > R = 0.11;

> > ω = 30.35;

> > Ve = 0.34;

> > t = 0:0.5:10;

> > plot(t,x)

> > xlabel('t 数值')

> >   ylabel('x 数值')

获得 x 与 t 的变化曲线图和数据;

x =

 － － － － － － － － － － － － － － － － － － －

 － － － － － － － － － － － － － － － － － － －

A = 0.00001963;

p = 7850;

h = 0.03;

ω = 30.35;

R = 0.11;

Ve = 0.34;

d = 1:0.5:7;

 － － － － － － － － － － － － － － － － － －

for i = 1:13

xgm(1,i) = (16 * A * p * ω * ω * ω * R * R * R * h)/(pi * d(1,i) * d(1,i) * d(1,i) * sqrt(Ve * Ve + ω * ω * R * R))

end

plot(d, xgm)

xlabel('d 数值')

ylabel('xgm 数值')

附录 B 弹齿动力学仿真

```
clc
clear
A = 0.00001963;
p = 7850;
h = 0.03;
ω = 20.9:3:41.8;
R = 0.11;
Ve = 0.34;
d = 5;
```

– –

```
for i = 1:7
xgm(1,i) = (16 * A * p * ω(1,i) * ω(1,i) * ω(1,i) * R * R * R * h)/(pi * d *
d * d * sqrt(Ve * Ve + ω(1,i) * ω(1,i) * R * R));
end
plot(ω,xgm)
xlabel('ω 数值')
ylabel('xgm 数值')
```

– –

```
clc
clear
A = 0.00001963;
p = 7850;
h = 0.03;
ω = 30.35;
```

```
R = 0.08 : 0.005 : 0.15 ;
Ve = 0.34 ;
d = 5 ;
```

```
for i = 1 : 15
xgm(1,i) = (16 * A * p * ω * ω * ω * R(1,i) * R(1,i) * R(1,i) * h)/(pi * d *
d * d * sqrt(Ve * Ve + ω * ω * R(1,i) * R(1,i)));
end
plot(R ,xgm)
xlabel('R 数值')
ylabel('xgm 数值')
```

附录 C 除草性能参数优化部分仿真

```
clc
clear
A = 0.00001963;
p = 7850;
h = 0.03;
ω = 30.35;
R = 0.11;
Ve = 0.2:0.05:0.6;
d = 5;
```

```
for i = 1:9
xgm(1,i) = (16 * A * p * ω * ω * ω * R * R * R * h)/(pi * d * d * d * sqrt(Ve(1,i) * Ve(1,i) + ω * ω * R * R));
end
plot(ve,xgm)
xlabel('ve 数值')
ylabel('xgm 数值')
```
----

1. 倒苗率
```
function f = myfun(x)
f = 3.41 + 4.58 * x(1) + 4.31 * x(3) + 1.89 * x(1)^2 + 1.37 * x(2)^2 + 1.68 * x(3)^2;
function[c,ceq] = mycon(x)
c = [ -1.27 -1.71 * x(1) -0.37 * x(2) -1.45 * x(3) -0.81 * x(1)^2 -0.59 *
```

x(2)^2 − 0. 71 ∗ x(3)^2 − 0. 62 ∗ x(1) ∗ x(2);

− 0. 73 + 1. 71 ∗ x(1) + 0. 37 ∗ x(2) + 1. 45 ∗ x(3) + 0. 81 ∗ x(1)^2 + 0. 59 ∗ x(2)^2 + 0. 71 ∗ x(3)^2 + 0. 62 ∗ x(1) ∗ x(2);

− 6. 33 − 14. 54 ∗ x(1) − 12. 19 ∗ x(3) + 5. 05 ∗ x(1)^2 + 10. 47 ∗ x(2)^2 + 2. 81 ∗ x(3)^2;

− 13. 67 + 14. 54 ∗ x(1) + 12. 19 ∗ x(3) − 5. 05 ∗ x(1)^2 − 10. 47 ∗ x(2)^2 − 2. 81 ∗ x(3)^2];

ceq = [ ];

% % %

ff = optimset;ff. LargeScale = 'off';ff. Display = 'iter';

ff. TolFun = 1e − 30;ff. TolX = 1e − 15;TolCon = 1e − 20;

x0 = [− 1, − 1, − 1];lb = [− 1. 682; − 1. 682; − 1. 682];ub = [1. 682;1. 682; 1. 682];A = [ ];b = [ ];Aeq = [ ];beq = [ ];

[x,fval] = fmincon('myfun',x0,A,b,Aeq,beq,lb,ub,'mycon',ff);

‒ ‒

‒ ‒ ‒ ‒ ‒ ‒ ‒ ‒ ‒ ‒ ‒ ‒ ‒

2. 伤苗率

function f = myfun(x)

f = 1. 27 + 1. 71 ∗ x(1) + 0. 37 ∗ x(2) + 1. 45 ∗ x(3) + 0. 81 ∗ x(1)^2 + 0. 59 ∗ x(2)^2 + 0. 71 ∗ x(3)^2 + 0. 62 ∗ x(1) ∗ x(2);

function[c,ceq] = myco N(x)

c = [− 3. 41 − 4. 58 ∗ x(1) − 4. 31 ∗ x(3) − 1. 89 ∗ x(1)^2 − 1. 37 ∗ x(2)^2 − 1. 68 ∗ x(3)^2;

− 0. 59 + 4. 58 ∗ x(1) + 4. 31 ∗ x(3) + 1. 89 ∗ x(1)^2 + 1. 37 ∗ x(2)^2 + 1. 68 ∗ x(3)^2;

− 6. 33 − 14. 54 ∗ x(1) − 12. 19 ∗ x(3) + 5. 05 ∗ x(1)^2 + 10. 47 ∗ x(2)^2 + 2. 81 ∗ x(3)^2;

− 13. 67 + 14. 54 ∗ x(1) + 12. 19 ∗ x(3) − 5. 05 ∗ x(1)^2 − 10. 47 ∗ x(2)^2 − 2. 81 ∗ x(3)^2];

ceq = [ ];

ff = optimset;ff. LargeScale = 'off';ff. Display = 'iter';

ff. TolFun = 1e − 30;ff. TolX = 1e − 15;TolCo N = 1e − 20;

x0 = [- 1, - 1, - 1];lb = [- 1. 682; - 1. 682; - 1. 682];ub = [1. 682;1. 682;

1. 682];A = [ ];b = [ ];Aeq = [ ];beq = [ ];

　　[x,fval] = fmincon('myfun',x0,A,b,Aeq,beq,lb,ub,'mycon',ff) ;

　　x,fval

　　– –

– – – – – – – – – – – – – –

　　3. 除草率

　　function f = myfun(x)

　　f = 13. 67 - 14. 54 * x(1) - 12. 19 * x(3) + 5. 05 * x(1)^2 + 10. 47 * x(2)^2 +

2. 81 * x(3)^2

　　function[c,ceq] = mycon(x)

　　c = [- 3. 41 - 4. 58 * x(1) - 4. 31 * x(3) - 1. 89 * x(1)^2 - 1. 37 * x(2)^2 -

1. 68 * x(3)^2;

　　　　- 0. 59 + 4. 58 * x(1) + 4. 31 * x(3) + 1. 89 * x(1)^2 + 1. 37 * x(2)^2 + 1. 68 *

x(3)^2;

　　　　- 1. 27 - 1. 71 * x(1) - 0. 37 * x(2) - 1. 45 * x(3) - 0. 81 * x(1)^2 - 0. 59 *

x(2)^2 - 0. 71 * x(3)^2 - 0. 62 * x(1) * x(2) ;

　　　　- 0. 73 + 1. 71 * x(1) + 0. 37 * x(2) + 1. 45 * x(3) + 0. 81 * x(1)^2 + 0. 59 *

x(2)^2 + 0. 71 * x(3)^2 + 0. 62 * x(1) * x(2)];

　　ceq = [ ];

　　% % %

　　ff = optimset;ff. LargeScale = 'off';ff. Display = 'iter';

　　ff. TolFun = 1e - 30;ff. TolX = 1e - 15;TolCon = 1e - 20;

　　x0 = [- 1, - 1, - 1];lb = [- 1. 682; - 1. 682; - 1. 682];ub = [1. 682;1. 682;

1. 682];A = [ ];b = [ ];Aeq = [ ];beq = [ ];

　　[x,fval] = fmincon('myfun',x0,A,b,Aeq,beq,lb,ub,'mycon',ff) ;

　　x,fval

附录 D　资助课题及成果

本专著得到了国家科技支撑计划课题(2014BAD06B01)、黑龙江省博士后资助项目(LBH – Z13030)的资助,以及东北农业大学王金武教授团队的帮助和支持,在此表示特别的感谢!还要深深感谢家人在完成项目研究、编写论文和本专著写作过程中给予的鼓励与支持。

再次向所有给予我们巨大支持和帮助的各位表示衷心的感谢!

衣淑娟　陶桂香

2021 年 4 月

本专著支撑情况详单

课题:

[1]衣淑娟、陶桂香、毛欣等,国家科技支撑计划课题"现代化农业农机装备研究与示范"(2014BAD06B01),已完成。

[2]陶桂香,黑龙江省博士后资助项目"有机水稻机械除草机理的研究"(LBH – Z13030),已完成。

论文:

[1]TAO G X,YI S J. A nalysis and test of the weeding spring tooth disc intra-row weed contro in paddy field,IAEJ,2018,27(4):263 – 270.(EI 收录)

[2]陶桂香,王金武,周文琪,等.水田株间除草机械除草机理研究与关键部件设计[J].农业机械学报,2015,46(11):57 – 63.(EI 收录)

专利:

[1]张泽璞,陶桂香,衣淑娟,毛欣,王福成,李衣菲.基于图像分割视觉杂草识别与控制的水力射流除草机[P].CN210329108U,2020 – 04 – 17.

[2]陶桂香,张泽璞,衣淑娟,毛欣,王福成,李衣菲,包宇恒.三点悬挂式触土部件前行阻力测试装置[P].CN110501103B,2021 – 04 – 02.